廣告人的行銷法則

101 Things I Learned in Advertising School

Tracy Arrington
with Matthew Frederick

專業才懂的消費心理學，從社群小編到上班族，在社會走跳必學的101行銷力

致我生命中的奇蹟，

Ryan Amelia 與 Calen Xavier……

你們乃我摯愛，莫忘此事。

並紀念那些相信閱讀是睜眼而夢的人。

書中的廣廈、錦袍和冠冕屬於你們。

我愛你們……可不只一點點。

——崔西 Tracy

作者序

Author's Note

廣告業是一個價值數十億美元卻無從獨立存在的產業。它全然仰賴其他產業而存在。我們廣告人說我們從事廣告業，實際上我們卻投身於汽車、影視、零售業、食品雜貨、電信、保險、科技、教育、金融、旅遊、能源、醫療、製造和服務業等各個產業。

在我當初決心攻讀廣告時，可沒有想到這件事。作為一個數學癡，當年我只想在金融和化工領域外找個更刺激且稱心的領域，一展我在資料分析上的長才。這個念頭領著我離開了我的舒適圈。儘管其他廣告系的學生因具備藝術、寫作、攝影、心理學和電腦科學方面的技藝，而看似更加適合這個領域，事實是每個廣告系的學生要學的可多了。廣告業需要各色各樣的人、各色各樣的專業技術和在各色各樣領域上的專注。

我的專業技能如今早不囿於資料分析一項——儘管始料未及，我的各種知識總是出人意料且隨機。我知道重新加熱牛絞肉的方法；我知道為什麼精品店店員會親自領你走向洗手間；知道為什麼將吉普車的頭燈升級為 LED 燈時得用上負載均衡器；我知道為什麼即便你購買了環保能源，你家的電力仍不環保；也知道電影院爆米花的配方。

像廣告業這般零散且觸及各領域的天性，令廣告人深得其趣，但這或許也是它常受批評的原因。對某些人來說，廣告沒有靈魂、沒有中心思想。廣告膚淺、不是令人煩躁就是枯燥乏味。廣告擾人。廣告是欺人的本領。

事實遠比眾人所想的都更加複雜。廣告需要許多技術，有各種進路，一入此門你能做的事又更多。至於對廣告是欺人本領的批評，我則抱相反的論點：廣告是一門訴說真相的藝術——關於產品或服務的真相；關於我們的需索和做為消費者的癖性；我們日常的小毛病以及我們文化中的固執和偏見。一個系列廣告在某種程度上呈現我們的真實樣貌時，最能引起共鳴。

我安排了以下的課程以助你理解廣告，並教你如何透過廣告定位自己。你或許會發現最吸引你的課程與其他同學或同事所鍾愛的不同。而隨著新的知識和經驗慢慢改變你的視野和學習對象，當你在六個月或六年後復讀同樣的課程，它們對你的意義可能和過往全然不同。冀望這些課程能夠在你學習的過程中將你推出舒適圈，並予你根基、觀點、激勵和洞見，以利你找到能一展長才的領域。

崔西・阿靈頓

目錄 Contents

101 Things I Learned in Advertising School

致謝

Acknowledgments

感謝 Sean Adams、Ashley Andy、Diane Heidenwolf Beauchner、Brian Benschoter、Tricia Boczkowski、Tatum Brown、Michelle Cheney、Lisa Dobias、Clark Evans、Sorche Fairbank、John Floeter、Tara Ford、Kirya Francis、Matt Inman、Phil Johnson、Gene Kincaid、Andrea Lau、Rebecca Lieberman、Jill Libersat、Elizabeth McCarthy、the Minions、Jeff Nixon、Amanda Patten、Charlie D. Ray、Janet Reid、Angeline Rodriguez、Molly Stern 和 Rick Wolff。

廣告人的行銷法則

專業才懂的消費心理學

從社群小編到上班族，在社會走跳必學的101行銷力

101 Things I Learned in Advertising School

5¢
Rx

People who dislike advertising should do everything themselves.

厭惡廣告的人應事必躬親。

當你能以低於親力而為的成本購買一項他人製作的產品時，你便成了消費者。當代經濟的基礎，就在於對此見解的廣泛接受。每個人或在一至數個領域有所專業並富生產力，而在其他領域則仰賴他人的專業和生產力。廣告是我們找到他人產品的方法；是大量生產與大量消費必不可少的夥伴。

01

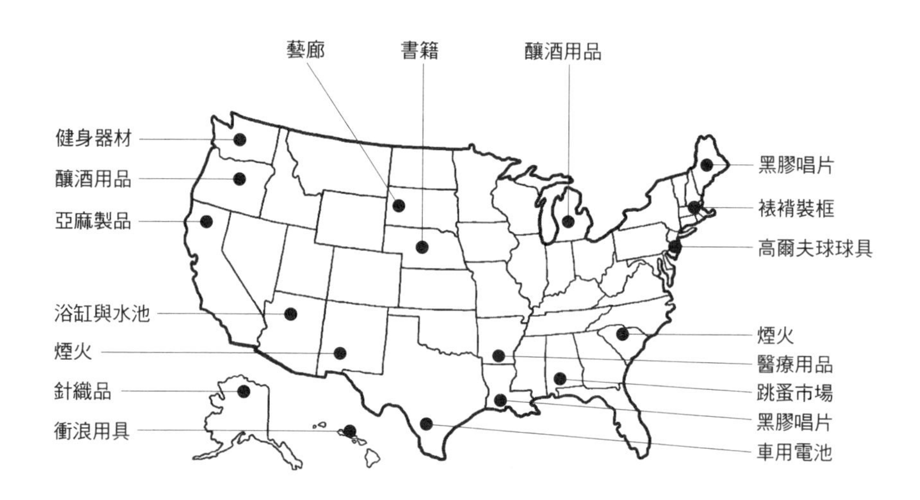

美國各州最壓倒性常見的商店類別

資料來源：《赫芬頓郵報》（*Huffington Post*）／Yelp, 2015

A lot of people are like you, but just barely.

很多人和你有點像，但也只是有點像。

系列廣告的目標受眾有共同的特質、愛好或行為。若你是受眾之一，你便易於創作一系列讓同樣身為消費者的你青睞的廣告。舉例來說，若你是一個嗜飲威士忌的壯漢，正試圖售賣威士忌，你可能會想在你最愛的《美信》（*Maxim*）[1]雜誌上刊登平面廣告。但統計資料卻指出，威士忌飲用者最常閱讀的雜誌是《庭園家居》（*Better Homes and Gardens*）。

譯註1：《美信》創刊於英國，為知名男性雜誌。內容多關於女演員、歌手或模特兒，亦時有裸照刊登。

O2

二手汽車

USED

引起注意

納入考量

產生興趣

覺得喜歡

福特水星
克萊斯勒普利茅斯
紳寶汽車

Mercury
Plymouth
Saab

更加喜愛

購買產品

The product purchase path

產品成交路徑

在每一個購買決定間，消費者所經歷的便是產品成交路徑。在路徑上每踏出一步，便將消費者和產品間的紐帶束緊一分。價格菲薄的產品，比如墨西哥捲餅或口香糖，它們的產品成交途徑極短，甚至能在轉瞬間走完。價格高昂或對個人有重大意義的產品，如汽車、洗衣機或訂婚戒指的成交途徑，可能須費數月甚至數年方能走完。

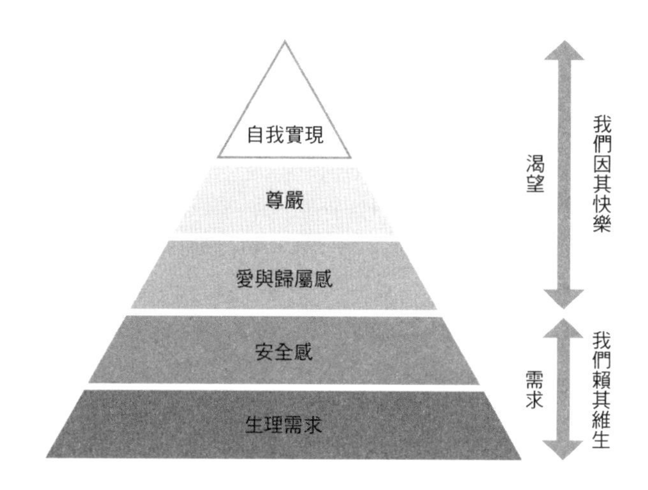

馬斯洛的需求層次理論
Maslow's hierachy

Don't start with the product; start with a need or want.

別從產品下手，先考量需求或渴望。

・蔬菜汁是產品，營養是需求，從飲食不健康的罪咎中解脫是渴望。

・草坪種子是產品，讓社區管委會滿意是需求，使鄰居忌妒你的鬱鬱碧毯是渴望。

・防曬乳是產品，預防皮膚癌是需求，還年駐色是渴望。

・外套是產品，保暖是需求，維護你時尚達人的清譽是渴望。

・汽車車胎是產品，維護兒童的乘車安全是需求，在路上看來酷帥是渴望。

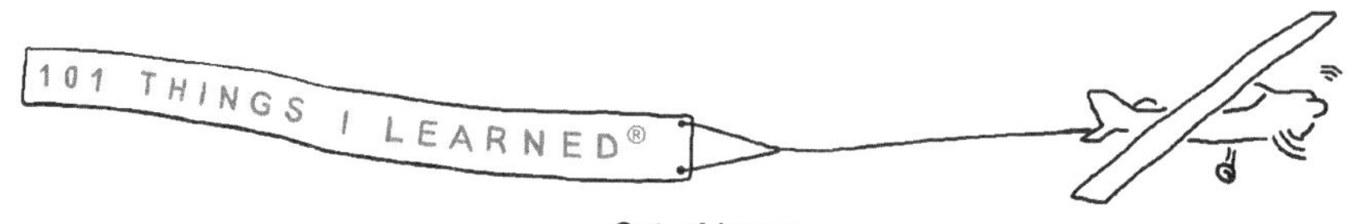

Out-of-home
家外廣告

空中標語、廣告招牌、品牌周邊、計程車和大眾運輸車體廣告、體驗式行銷活動、售票亭、購物商場、T 恤衫、刺青及所有以上分類之外的東西

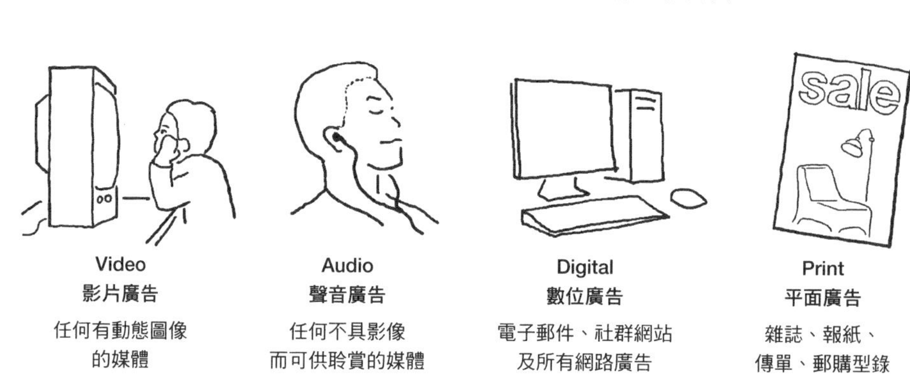

Video
影片廣告
任何有動態圖像的媒體

Audio
聲音廣告
任何不具影像而可供聆賞的媒體

Digital
數位廣告
電子郵件、社群網站及所有網路廣告

Print
平面廣告
雜誌、報紙、傳單、郵購型錄

五大媒體範疇

Any surface can be an advertising medium——but you shouldn't necessarily use it.

凡平面皆媒體——但你無須盡用。

廣告被閱覽的環境對其所推廣的產品或服務影響甚鉅。向監理所裡等待叫號的人龍打廣告的品牌，易讓人覺得墨守成規、沉悶乏味。在公廁裡打廣告，會令有魅力的品牌顯得蠢笨庸俗。在癌症中心門前大打殯儀館的廣告，自然會招來憤懣。

$10,000 REWARD

WANTED DEAD OR ALIVE

JESSE JAMES

Wanted for the robbery of
multiple banks, trains, stagecoaches,
and the Kansas City Fair

Jesse Woodson James / Alias: Thomas Howard
5'-11" tall, 170 pounds, slight build / armed and dangerous

CONTACT THE NEAREST

U.S. MARSHAL'S OFFICE

The six elements of a print advertisement

平面廣告的六個要素

標題（Headline）：點出問題、指出效益，或激發讀者的好奇心。

圖像（Image）：即廣告的主題，用來展示所推廣的產品或服務、以及所使用的情境、能為讀者解決的問題或帶來的效益。

文案（Body）：即文字主體內容。文案應聚焦於產品或服務的關鍵效益，以誘發讀者的興趣。如果廣告特意要激起受眾強烈的情感連結，則可省略文案，讓受眾自行上網搜尋相關資訊。

行動呼籲（Call to action, CTA）：懇切地鼓勵受眾立即採取特定行動。比如：「今天就預約試駕。」

聯絡資訊（Contact information）：告知消費者如何找到公司或取得優惠。傳統上，這部分包含公司的名稱、地址、電話。如今可簡化至僅提供網址或社交媒體帳號。

公司品牌識別標誌（Company identifier）：通常是商標，但有時僅是公司名稱。

06

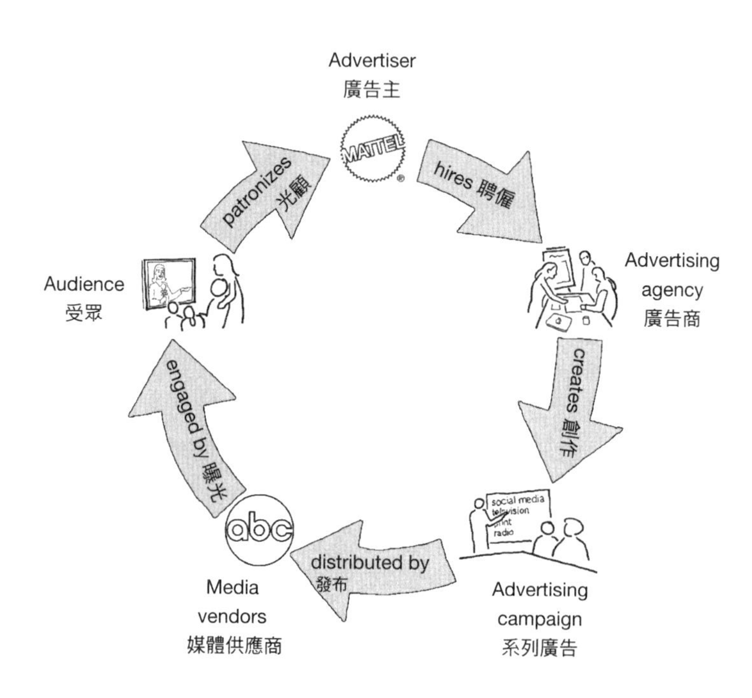
Advertiser
廣告主
MATTEL
hires 聘僱
Advertising
agency
廣告商
creates 創作
social media
television
print
radio
Advertising
campaign
系列廣告
distributed by
發布
abc
Media
vendors
媒體供應商
engaged by 曝光
Audience
受眾
patronizes
光顧

An advertising agency doesn't advertise.

廣告商不打廣告。

廣告主（Advertiser）：透過大眾媒體，個人、組織或公司使用廣告來影響他人或傳遞訊息。

廣告商（Advertising agency）：由廣告主聘用，以擬定策略、創作素材，來引起消費者關注和促使他們行動。

媒體供應商（Media vendor）：傳播媒體。比方說販售廣告時段或空間的電視網絡、網站、報紙或大樓看板板主。

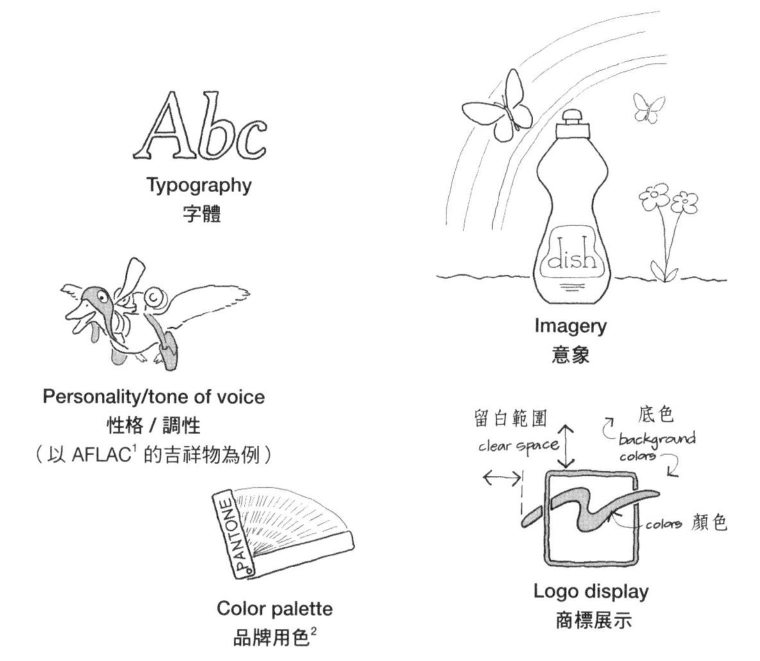

常見的品牌標準

譯註1：圖為美國家庭人壽保險公司的鴨子。美國家庭人壽保險公司（American Family Life Assurance Company of Columbus，簡稱AFLAC）創立於1955年。該公司於2000年開始，藉著一系列以鴨子為主角的廣告而聲名大噪。

譯註2：彩通公司（Pantone LLC）創立於1962年。是一家以研究、開發色彩聞名的公司。其開發的「彩通配色系統®」（PANTONE MATCHING SYSTEM®，簡稱PMS）是選擇、確定、配對和控制油墨色彩方面的權威標準。

An ad isn't a one-off.

廣告不能只為一時一地著想。

無論是公司或其他組織，總會以各種途徑與大眾接觸。理想而言，從線上廣告到招牌看板，以至客服中心所接聽的來電，每次接觸都應恪守**品牌標準**（brand standards）。這可以確保品牌的性格、觀感在每個接觸點都能保持一致。

在著手創作系列廣告前，務必與廣告客戶確認品牌標準。若這些標準尚待建立或已然過時，那便協同客戶創立適當的標準，以便雙方對接下來要打造的系列廣告有所共識。

08

Art is the idea, not the image.

藝術之髓在其構想而非圖像。

系列廣告的視覺表現自當在美學上富吸引力，但其神髓仍在於對產品／服務的使用場景，從行為科學、心理學和文化脈絡上啟發洞見。

就算你並非能工巧匠，也無須擔憂自己在廣告藝術上技不如人。專注於啟發洞見，並盡可能表達所想。尋找或剪貼圖像、畫火柴人、審慎挑選傳遞觀點的用字，並以批判的眼光衡量觀點本身。若你擁有良好的視覺傳達技巧，也莫急於創作出看似廣告但欠缺洞見的作品。

09

"Great designers seldom make great advertising men, because they get overcome by the beauty of the picture—and forget that merchandise must be sold."

——JAMES RANDOLPH ADAMS

「偉大的設計師鮮能成為偉大的廣告人。
他們屈於圖像的美麗，而忘了要將商品銷售出去。」

——詹姆斯・藍道夫・亞當斯[1]

譯註1：詹姆斯・藍道夫・亞當斯（1898-1956），是廣告名人堂的成員之一，被視為汽車廣告業的巨人。他擔任凱迪拉克廣告部門主管的30年，正是該品牌在聲譽與銷量上成長最卓著的時期。

10

只因你值得擁有
全新御用豪華系列 IV

Brand campaign
品牌系列廣告

立即申請
你有機會贏得一大筆錢！

Direct-response campaign
直效行銷系列廣告

Brand or direct-response campaign?

品牌系列廣告還是直效行銷系列廣告?

品牌（brand）或「軟性行銷（soft-sell）」系列廣告是一個公司投放的最長期且最為基礎的廣告。這些廣告透過持續傳遞公司的價值來建立品牌特質和熟悉感。這樣的系列廣告能有效地建立對公司品質的預期，並與潛在賣家建立情感連結。對於消費週期較長的商品，這類廣告能最有效地建立消費者對品牌及產品的認知。

直效行銷（direct-response）或「硬性行銷（hard-sell）」系列廣告聚焦於鼓勵受眾採取特定的行動，如打電話、點擊網站連結、下載應用程式、下單、投票。這類廣告最有效的使用情境，是在須於限定時間內達到成效時，如在七月中售出一百輛汽車這種限時目標。直效行銷或「硬性推銷」系列廣告的效果，可透過比較投放廣告前後的數據來衡量。

11

Sales Representatives
銷售員
Customer Service
客戶服務
Branded
Merchandise
品牌周邊商品
12:24PM
SALE
99.88
ADD TO CART
App
應用程式
Retail Environment
售貨環境
Website
網站

一些常見的接觸點

Touchpoints

接觸點

商家和消費者進行互動的任何情境都可被稱為接觸點。透過接觸點，消費者能對商家的信譽、品質和產品線建立一個完整的印象。理想上，顧客在客戶服務部門得到的售後體驗，應該要與他們在系列廣告中接收的品牌意象全然一致。

Charmin
Charmin

Emphasize *reach* when selling toilet paper. Emphasize *frequency* when Beyoncé is coming to town.

販售衛生紙時強調「觸及率」，碧昂絲蒞臨時強調「頻率」。

觸及率（reach）是接收到你訊息的人數。如果產品被廣泛使用又不會因季節而改變，即使是間斷性的，也要盡可能長時間地投放到盡量多的場合、觸及盡量多的受眾。

頻率（frequency）是人們接受到訊息的次數。如果你的產品需要短時間內吸引到某些特定受眾，那就在有限時間內用盡所有可能頻繁地投放廣告。

13

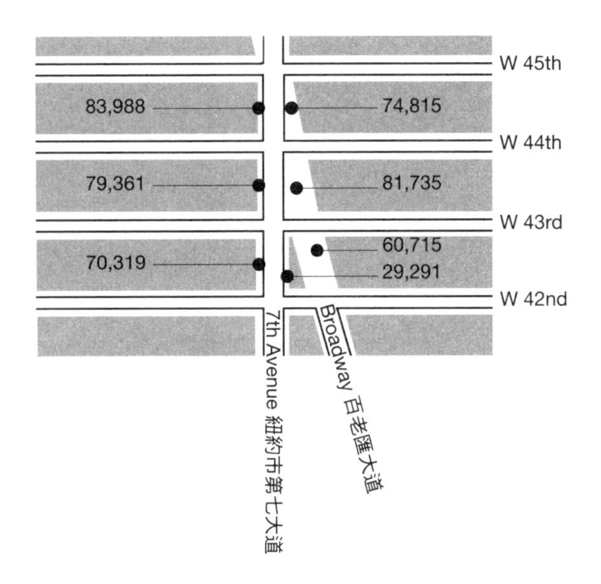

2017年2月的平均日常行人統計，時代廣場，紐約市

資料來源：時代廣場聯盟（Times Square Alliance）

The biggest advertising decision most businesses make is location.

地點是大多數公司在廣告上做的最大決定。

著重過路客的公司會從交通繁忙地區中獲益。一家公司就算不依賴與顧客的直接接觸，也依然能享受在繁忙地區樹立廣告牌所提高的品牌認知度。地處偏遠，或只與顧客進行線上互動的公司，一般都應把省下的租金用在廣告上。

14

「你先是我的兒子，然後才是游擊隊員。」

An advertising campaign helped end the world's second-longest civil war.

一個協助結束世界第二長內戰的系列廣告。

從 1964 年起，哥倫比亞革命武裝力量（FARC）開始了反政府的恐怖攻擊。歷經超過 45 年的衝突後，哥倫比亞國防部尋求廣告商的協助，希望能夠阻止革命武裝游擊隊持續恐怖攻擊。

在 2010 年聖誕節到來前，廣告商 Lowe SSP3 在哥倫比亞革命武裝力量士兵經常出沒的森林布置了聖誕樹。聖誕樹上有橫幅寫著：「若聖誕節能降臨叢林，你們也可以回家過節。解散吧。」人們觀察到有游擊隊員叛逃回家和家人共度聖誕。一年後，在游擊隊定期出沒的河流上，廣告商放出了裝著發光塑膠球的木筏，除了塑膠球，筏上更載滿了來自游擊隊成員家屬的禮物及訊息。這次，人們再次觀察到游擊隊成員們叛逃。

哥倫比亞革命武裝力量幾年後宣布單方面停火，此後，它與哥倫比亞政府談判達成協議，結束了這場長久的糾紛。

15

DD

Don't judge; discern.

不要斷下結論，要洞徹微隱。

不要因為產品吸引你自己，就做出正面的評價；也不要因為自己用不上該產品而否定產品及其受眾。接受並浸淫在產品用戶的觀點、情感狀態及渴望的心態。如果你嘔心瀝血創作的廣告不合你自己或客戶的胃口，請謹記，廣告是用來吸引目標受眾的，而非你或廣告主。

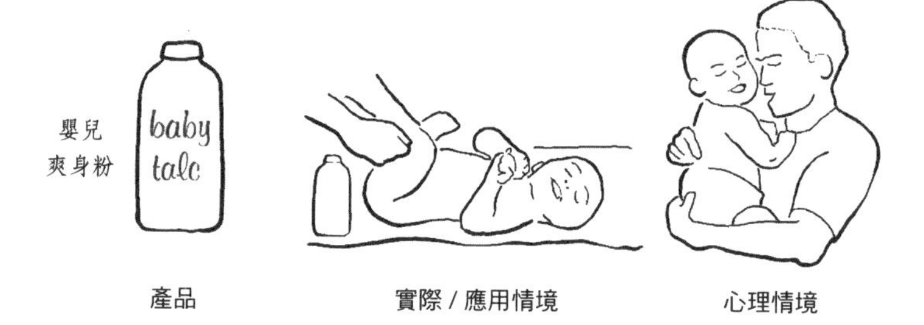

產品　　實際 / 應用情境　　心理情境

Demonstrate the context.

展現使用情境。

消費者不因產品而購買產品，他們購買產品是因為想過上更好的生活。向消費者主打他們有可能使用該產品的情境，讓他們能更容易將個人回報與使用該產品連結起來。

此產品是為了
什麼「族群」而設……
此產品是為了
什麼「人」而設……

You'll reach more by targeting fewer.

瞄準更少，達到更多。

沒有任何產品或系列廣告可以打動所有的人。找出並標定那個注定會被你打動的人——那個清楚你的產品能提供什麼價值的人。肯定會有其他像他一樣的人存在。若你想打動所有人，那你就得承擔被核心客戶忽視的風險。與其試圖取悅多數無動於衷且不會掏錢購買的人，不如去吸引那些相對較少，但熱愛你的產品而且真的願意掏錢買單的人。

若你難以找到核心客戶，那便去研究那些絕對不會使用你的產品的人，並了解他們的思維。採訪他們，了解他們是怎麼樣的人。兩相比較，你便有可能在此之間找到你的目標受眾。

18

速霸陸汽車（Subaru）在美國的銷量，1968-2016

Subaru finds its core audience.

速霸陸汽車找到它的核心受眾。

速霸陸汽車在 1968 年進入美國市場，但比起其他亞洲進口車，速霸陸汽車在銷量和搶占市場份額上陷入了苦戰。到 1990 年代初，速霸陸汽車的銷量開始下滑。速霸陸汽車接受了它們永遠不會成為主流品牌的現實。然而，是誰真的喜歡速霸陸汽車，又是為什麼喜歡呢？

速霸陸汽車調查了它的顧客群。結果顯示，該公司一半的銷售額來自五個群體：教育工作者、醫療工作者、科技專業人士、戶外咖和獨居單身女子。這些客戶相中速霸陸汽車四輪驅動的設計，讓他們即使在惡劣條件下也能準時上班，以及他們旅行車的裝載能力形同卡車，卻具有比卡車更加便捷的駕駛體驗。

速霸陸汽車針對這五個群體投放了系列廣告。在此之中，速霸陸汽車發現獨居單身女子中包含大量的女同志，於是開始在廣告裡融入了行話來吸引男女同志。此外，速霸陸汽車還贊助同志遊行，與彩虹信用卡（Rainbow credit card）合作，並雇用女同志網球好手娜拉提洛娃（Martina Navratilova）出演廣告。雖然該系列廣告面臨被杯葛的威脅，但速霸陸汽車發現那些示威者根本沒買過他們的車。自此之後，速霸陸汽車的銷量一路長紅。截至 2016 年，速霸陸汽車在美國的年度銷售紀錄已連創八年新高。

19

D

Find people who are gaga.

找到你的鐵粉。

找出沉溺於產品的人。當人們愛一樣東西到一定程度，他們就會掏錢。他們沉溺在產品中的時間更長，也更常回想起廣告。舉例來說，巴西柔術雜誌《Jiu-Jitsu》的訂戶會閱讀每期雜誌，但偶然接過雜誌隨手翻閱的人可不會。為了《南方四賤客》（*South Park*）而花錢訂閱 Hulu 的人會更常觀看節目，但其他人可不會留意電視上正在播放這個節目，更別說是中間穿插的廣告了。

跟現有的粉絲基礎連結。人們為自己是團隊中的一員感到自豪，無論是作為運動迷或是倡導關注癌症的人。為了滿足自己想成為團隊中一員的渴望，他們願意花比普通馬克杯貴三倍的價格去買一個有團隊 LOGO 的馬克杯。跟一個熱門團隊合作的品牌能夠大幅增加廣告曝光度。

建立粉絲側寫。每樣產品都有它的粉絲群——熱愛產品、時時回購、並向他人推廣的人。根據粉絲的族群特質及常見行為來建立粉絲側寫，並瞄準跟他們思想和行為相似的人。

尋找為相關物品瘋狂的人。尋找那些熱衷於相關物品的受眾。如果你有家甜甜圈店，去尋找熱愛咖啡、早報或本地商店的人。

20

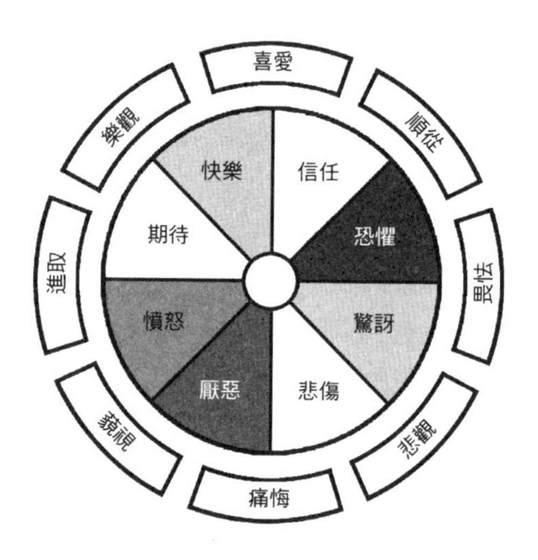

普拉切克情緒輪盤（部分）
Plutchik's wheel of emotions (partial)

The more expensive the product, the more emotional the appeal that must be made.

產品的價格越高，需要的情感連結就越多。

奢侈品的價值一般展現在卓越的品質，但其實更來自它們能提供的情感滿足。將產品與自尊、快樂、成就感、獨特性與令人欽羨等價值連結起來，名貴的品牌便能提升產品的認知價值。品牌的情感吸引力塑造得越成功，在生產成本和零售價間能享有的利潤幅度便會越大。

*睿俠，美國 3C 電子產品連鎖賣場

If you want customers to forfeit their privacy, offer a proportional benefit.

給出恰當的好處來換取顧客的隱私。

最有用、準確的數據通常都直接來自於顧客。在有回報的情況下，多數人都願意提供一些個人資訊。他們或許會為了優惠券提供他們的電郵信箱，為了一小時的免費 wi-fi 而觀看 30 秒的廣告，或為了免費閱讀付費文章而回答幾條問卷問題。

隱私雖然總是直接被犧牲，但若你想要獲取一些敏感資料，必須確保你「給的」夠好，才能得償所願。

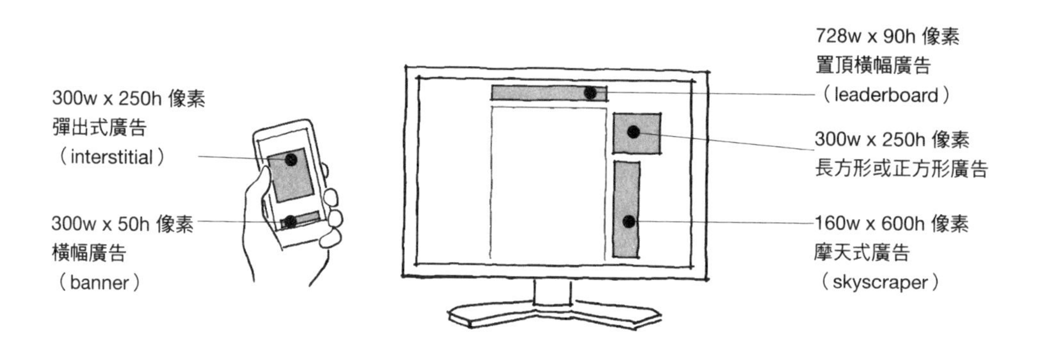

根據互動廣告協會（Interactive Advertising Bureau）的標準，選擇數位廣告的像素大小

Let digital audiences decide what works best for them.

讓數位受眾決定他們要的是什麼。

在平面媒體上，廣告創作者創作他斷定能行的廣告。在數位世界裡，受眾能協助確定廣告是否行得通。透過製作不同的幾則廣告或者同一廣告的不同版本，你能即時對比不同版本的廣告互動和導購成果。演算法能追蹤不同廣告大小、配色方案、字體、圖像、文案重點、優惠和行動呼籲的成效，以提高最吸引人的廣告版本的出現頻率。

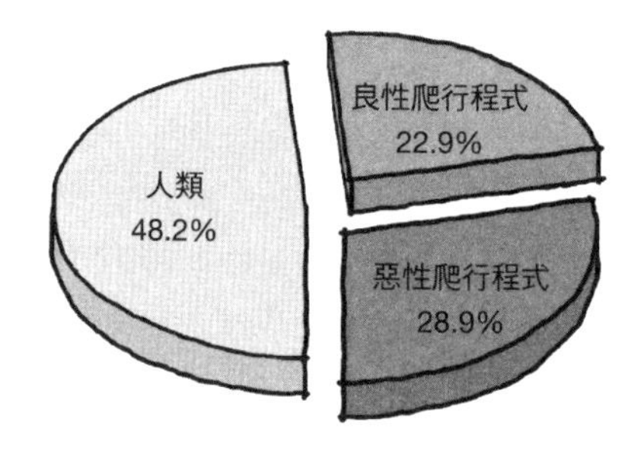

2016年網路流量

資料來源：Imperva Incapsula 爬行機器人流量報告

譯註1：所謂爬行（crawl），指的是電腦程式快速瀏覽網頁程式碼以提取資訊的行為。

You'll be lucky to reach half your online audience.

能接觸到一半的線上受眾，你就該慶幸了。

儘管你小心地根據人口統計和個人特質挑選目標，仍至少有一半的線上廣告從未觸及目標受眾，原因如下：

無法載入／載入過慢（Broken/slow loading）：當廣告未能或不能及時載入，人們可能還沒看到廣告就已經滑過它了，但廣告主仍會被收費。

隱藏（Concealment）：在瀏覽器視窗邊緣的廣告可能會被完全隱藏，以讓廣告商坐收漁翁之利，被隱藏的廣告可能仍會被計算為已被瀏覽的廣告。

像素堆積（Pixel stuffing）：一些不良媒體供應商可能會把你的廣告「堆積」成一個像素點，即便沒有任何人看得到這條廣告，但它仍可能被算進已被瀏覽的廣告中。

廣告重疊（Ad stacking）：廣告直接被另一則廣告覆蓋，處於下層的廣告雖然沒被看到，但仍被歸為已被瀏覽的廣告。

機器流量（Bot traffic）：「良性」爬行程式在網上爬行[1]為搜尋引擎提供合法內容。「惡性」爬行機程式則模仿人類的瀏覽行為——它們甚至能滑動畫面以及點擊連結——以增加廣告觀看次數。

廣告阻擋（Ad blocking）：互動廣告協會估計，2016 年有 26% 的桌上電腦用戶及 15% 的行動端消費者，使用了廣告阻擋軟體。

John Wanamaker

"Half the money I spend on advertising is wasted; the trouble is I don't know which half. "

—JOHN WANAMAKER,
department store magnate

「我知道我在廣告上的投資有一半是無用的，但問題是我不知道是哪一半。」

——約翰・沃納梅克
百貨公司大亨

25

優雅地解決失禁

位於紐約卡茨基爾山（Catskill）的廣告看板

Call out the audience only if it's in trouble.

僅在受眾身處困境時做出呼籲。

保釋人的廣告可以問你是否官司纏身；貸款公司或稅務律師的廣告可以問你是否債台高築；求助熱線的廣告可以問你是否憂心忡忡、是否被霸凌或深陷毒癮。

但鞋商 Payless 不能說自己的鞋是為了窮人而設；Christian Louboutin 不能說他們的紅底鞋是為了富人而生；Nine West 不能說他們的鞋是為了崇尚時髦但買不起 Christian Louboutin 紅底鞋的女士而造。品牌需要通過潛台詞去吸引目標受眾，如廣告中的圖像、顏色、字體、音樂、措辭、演員、模特兒或代言人。目標受眾能讀懂對的潛台詞。那些不懂的人，根本就不是你要找的顧客。

26

信標系統（Beacons）會透過 GPS 發送優惠訊息給零售顧客

It's advertising until it lands in the cart.

下單前的一切都仍是廣告。

POP購買點廣告（point-of-purchase）、貨架掛牌和產品包裝比其他任何類型的廣告都離消費者更近。它們是決定消費者是否購買的「最後接觸點」，於此應鞏固先前經由廣告媒體建立的品牌調性和品牌形象，明確的品牌一致性能讓消費者更有信心，並讓他們離最終購買更近一步。

27

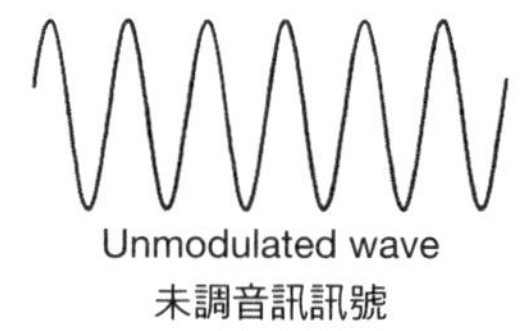

Unmodulated wave
未調音訊訊號

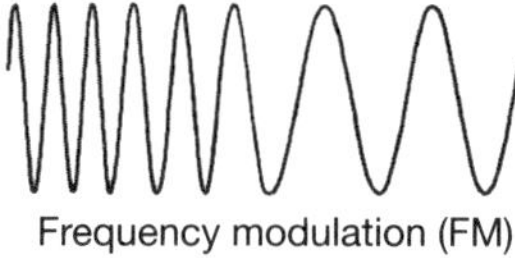

Frequency modulation (FM)
頻率調變，簡稱調頻

Amplitude modulation (AM)
振幅調變，簡稱調幅

Why AM radio sounds lousy?

為什麼 AM 電台音質那麼糟？

各種無線電波的振幅（波高）和頻率（其「擺動率」）天生有所不同。AM 廣播透過調整振幅來傳遞聲音訊息；而 FM 廣播則是藉由調整頻率。這些調整均會被 AM 和 FM 的接收器給解碼。但在發射端和接收端之間，無線電波會被環境因素如天氣、地形障礙、建築物或其他的無線電波所干擾。振幅會因為這些因素而失真，而頻率則不受其影響。另外，振幅強度會隨距離而減弱，而頻率則不因距離而變化。因此，AM 廣播罕有純淨音質，而 FM 廣播則能在訊號涵蓋範圍下維持收聽品質。

即便在理想的廣播條件下，AM 廣播的音質也較差。FM 訊號的頻寬幾乎覆蓋了人類聽力所及的範圍，而 AM 訊號的頻寬則窄多了——雖然足以傳遞語音，但對音樂卻沒有足夠的餘力。

28

Pure play	Streaming	Terrestrial
單一經營	串流播放	地面電台
僅可線上或透過人造衛星收聽	線上收聽地面AM/FM電台	傳統的AM/FM電台廣播

廣告較少 ⟷ 廣告較多

商業廣播電台

Use duplication for radio frequency.

用重複播放來提高收聽頻率。

人們很少只聽一個電台，不同電台間存在著重複的聽眾。若一個廣播系列廣告需要觸及很多人，那就在聽眾重複率比較低的那些電台上播送廣告，讓更多不同的聽眾聽到。如果廣告的目標是頻率，就選擇那些共享重複聽眾的電台，以確保同一個人會再三聽到你的廣告。

29

	8:00	8:30	9:00	9:30	10:00	10:30	11:00	11:30
HLN	Forensic Files 無言鐵證	Forensic Files 無言鐵證	Forensic Files 無言鐵證	Forensic Files 無言鐵證	Forensic Files 無言鐵證	Forensic Files 無言鐵證	Forensic Files 無言鐵證	Forensic Files 無言鐵證
HGTV	House hunters 獵訪名宅	House Hunters International 獵訪名宅（國際版）	House hunters 獵訪名宅	House Hunters International 獵訪名宅（國際版）	Flip or Flop 改建重建大作戰	Flip or Flop 改建重建大作戰	House hunters 獵訪名宅	House Hunters International 獵訪名宅（國際版）
abc	Scandal 醜聞風暴		How to get away with murder 謀殺入門課		7 News at 10 PM 晚間 10 點的 7 條新聞	Jimmy Kimmel Live! 吉米夜現場		Nightline 夜線

丹佛地區黃金時段節目表

Advertise on broadcast TV by program.
Advertise on cable TV by network.

在無線台上根據不同節目投廣告；在有線台投廣告則看電視台立場。

美國廣播公司（ABC）、哥倫比亞廣播公司（CBS）、美國全國廣播公司（NBC）、福斯傳媒（FOX）都創立於無線電視的年代。他們的使命和節目設計的模式跟創辦時近乎一致：各個無線電視台在一天中播放不同的節目給不同的受眾，以瞄準人口基數中的大部分人。與其相反，典型的有線電視台針對有特定興趣的觀眾。有線電視台每天播放某特定類型的節目，而且經常重播。

30

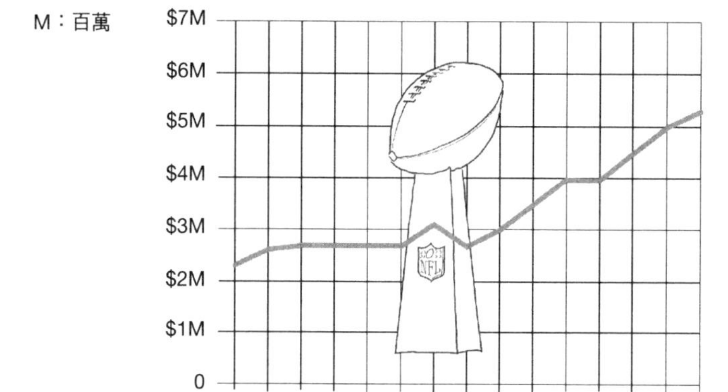

超級盃（Super Bowl）期間 30 秒有線電視廣告的平均成本

Everyone can afford to advertise during the Super Bowl.

任何人在超級盃期間都打得起廣告。

電視廣告時間不是按有線電視台出售，就是按地區出售。一個有線電視台超級盃廣告能夠接觸到全國的觀眾，但動輒收費數百萬美元。但按地區出售的廣告收費則平易近人得多。在德州的阿馬里洛（Amarillo），一則 30 秒的區域廣告所費約 3,400 美元；於緬因州的普雷斯克島（Presque Isle）是 1,800 美元；至於阿拉斯加的朱諾（Juneau），則為 810 美元。

31

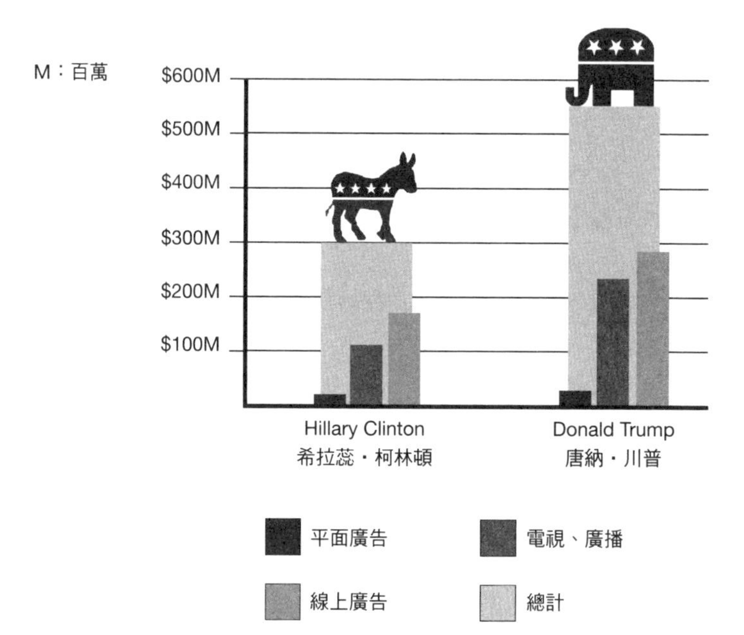

2016 年美國總統候選人所獲得的免費媒體報導量

Don't buy it if you can earn it.

有免費的就別付錢。

傳統上廣告商會在**付費媒體**（Paid media）上發布廣告，費用則由廣告會觸及的受眾人數及廣告占用的空間來決定。

無償媒體（Earned media）指的是如新聞報導、社論及社交平台熱點話題這類的曝光，這些曝光是零成本的。

有時想得到曝光的一方所派發的新聞稿，會成為無償媒體的材料，如汽車公司發布新車款、百貨公司聘僱新執行長或政客宣布參選等。通常這些新聞稿都會原封不動被媒體平台當作新聞直接報導。

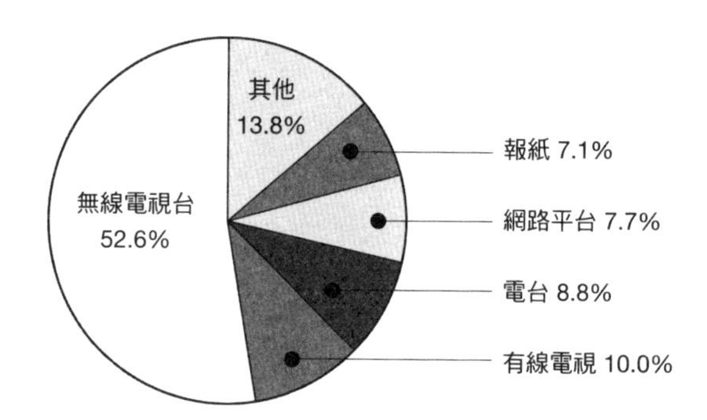

美國政治宣傳在各種媒體上的花費比例估算，2016

Politicians pay the least.

政客花得最少。

聯邦通訊委員會（Federal Communications Commission）要求傳播公司在初選前45日及大選前60日，以最低的價格販售廣告時段給聯邦政府候選人。而政治行動委員會（Political action committee, PAC）[1]卻不受到同樣的保護，傳播公司甚至會向政治行動委員會收取比正常定價還要貴兩到三倍的價錢來補貼他們在政客身上少掙的錢。

譯註1：政治行動委員會為美國的一種競選組織，他們會集資以支持或反對特定候選人、投票或法案。於聯邦層級，一個組織若以影響選舉為目的收取或花費超過 1,000 美元時，就應按照《美國聯邦競選法》向聯邦選舉委員會（Federal Election Commission, FEC）註冊為政治行動委員會。

吸菸足以致命

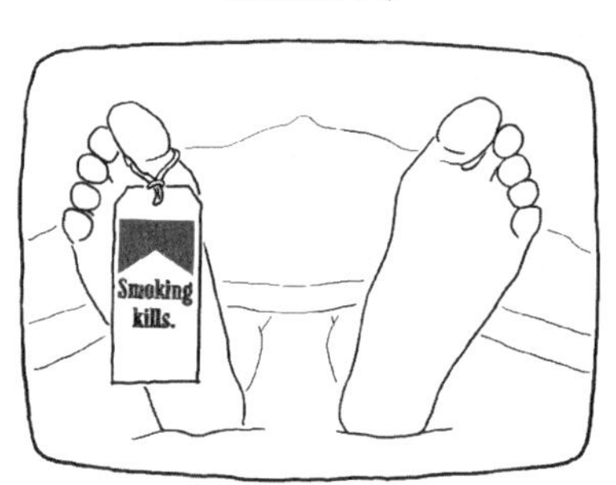

The Fairness Doctrine

公平原則

為了保障在電台廣播這個新領域上進行的政治對話，聯邦廣播委員會（FRC）於 1926 年成立。該會最初的幾條規定裡，包括了一則於 1929 年公布的宣告：當爭議性問題的其中一方在電台上發表言論時，若收到反方要求，必須允許另一方表達自己的立場。

1968 年，該委員會的繼任者聯邦通訊委員會，要求任何播放香菸廣告的電視台和電台也播出有關吸菸危害的廣告，將所謂「公平原則」的應用擴展到了商務領域。

雖然公平原則在數十年後被取締，然而**等時規範**（equal-time rule）在選舉領域卻依然健存。此原則規定了向候選人出售廣告時間的電台或電視台，必須向該候選人的政敵也提供相類的時間。

34

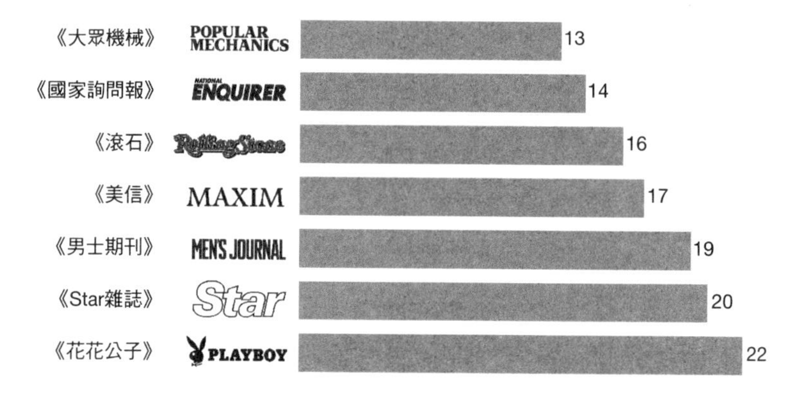

2012 年 4 月- 9 月有最多香菸廣告頁面的雜誌

資料來源：Media Radar廣告銷售情報機構

The federal ban on cigarette advertising increased smoking.

禁止香菸廣告的聯邦禁令使吸菸者數量上升。

香菸廣告在吸引新菸民這件事上起不了多大作用，它們多數是用來誘使現有的菸民光顧其他品牌。而反菸的公益廣告則被證明，在勸阻吸菸與鼓勵菸癮不大的癮君子戒菸上有所成效。

當美國政府在 1972 年 1 月 2 日開始禁止電視及電台播放香菸廣告時，人們本以為這會讓已經漸少的菸民數量大幅下跌。在禁令推行了兩年多後，吸菸者數量卻不減反增。其主因是這條禁令讓公平原則實行的土壤消失了。當電視台和廣播電台被禁止播送香菸廣告，他們也不再需要播放相應的反菸公益廣告，強制性公益廣告帶來的好處自然也隨之消失。

35

傑克・佩連斯（Jack Palance）在西部片《城市鄉巴佬》（*City Slickers*）中飾演柯利（Curly）

A priority does not include *and*.

討論廣告首要目標時，別提「和」字。

一則系列廣告可以有多個目標，但首要目標只能有一個：增加 10% 的銷售、提升 30% 的關注度或勝出選舉。當你設定的首要目標裡包含了個「和」字，那它便不是比其他一切都更加重要的「首要」目標。

36

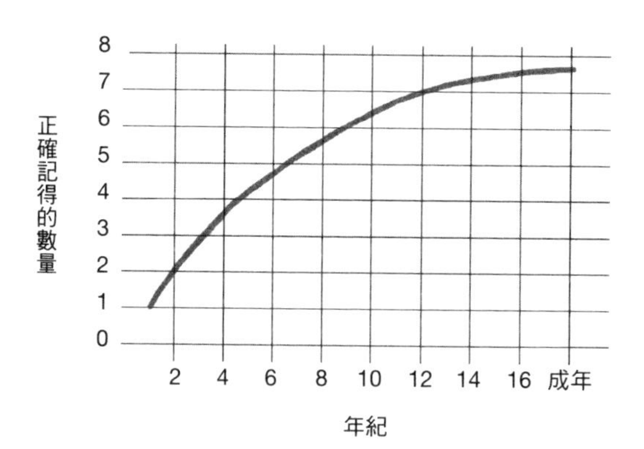

成人的記憶力一次約可記得七個數字

More choices are paralyzing.

更多選擇，更多焦慮。

在一項指標性的研究中，研究者希娜・艾揚格（Sheena Iyengar）和馬克・勒珀（Mark Lepper）在食品店裡擺了一張放有 24 種果醬的桌子，並提供 1 美元的折價券給試吃過的顧客。另一天，他們只擺出 6 款果醬。比起數量多的時候，雖然較少的商品數量勾起較少人的興趣，卻激發了超過前者十倍以上的銷量。

心理學家認為給消費者太多選擇只會讓他們對購物倒盡胃口。之所以如此的原因是：當消費者覺得他們非得做出完美的購物決定，卻被迫要記住遠超他們記憶能力範圍的商品數時，做消費決定便更費時，也讓他們更焦慮。基於相同的原因，菜單設計師格雷格・拉普（Greg Rapp）建議餐廳在每個菜品類別內提供七個以下的選擇。

37

GULP
BIG GULP
SUPER BIG GULP

Most people pick medium.

多數人選中間。

人們不想讓自己看著像個小氣鬼，但又不想花太多錢。當他們面對一大堆陌生的選擇時，大部分人會買中等價格或至少第二便宜的產品。因此，餐廳的菜單上第二便宜的餐點和酒品該有最高的毛利。

38

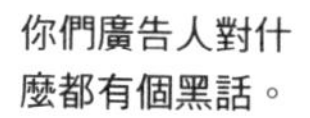
你們廣告人對什
麼都有個黑話。

我們叫他
廣告術語。
那你們連
黑話都有
黑話。

Reactance

心理抗拒

人們越不讓我們做什麼，我們就越想做什麼。在一項對**心理抗拒**（psychological reactance）的研究中（Lessne, 1987），研究人員發現一日限定特價的廣告，比時間較長或沒標明特價期限的廣告，更能促進銷量。另一研究（Lessne and Notarantonio, 1988）發現，相對於沒有數量限制，當顧客被限制只能購買四件產品時，他們會購買的產品數量會比平均更多。心理抗拒有時也會起到反作用，高壓推銷會使顧客即使在原先就對商品感興趣的情況下，仍然心生抗拒。

心理抗拒隨時隨地可能發生。電視購物的成功就是人們對時間限制作出反應的絕佳例子：電視購物的商品只能在節目播放時間內買到。有研究（Mazis, Settle, and Leslie, 1973）發現，被禁止使用磷酸鹽的邁阿密居民，比允許使用磷酸鹽的坦帕居民更喜歡有磷酸鹽的洗衣精。2003年，藝人芭芭拉・史翠珊（Barbra Streisand）為了保障自己的私隱而禁止其家居照片的刊登。但她的努力反而令更多人對她家感興趣，科技部落格「Techdirt」的麥克・馬斯尼克（Mike Masnick）稱此現象為「史翠珊效應」（the Streisand Effect）。

39

培伯莉餅乾

Aspiration isn't always forward looking.

別只向前尋求啟發。

「啟發」 來自強烈且長久的渴望、嚮往或追求。「啟發」是我們對生活的期盼，我們藉著「啟發」把自己投射進所嚮往的未來。不過，我們渴望的未來常與往日相似，有著過去的歡樂、安全感，和記憶中——無論是否真的記得——童年的那份質樸簡單。瞻望未來同時回首過去，以理解受眾所渴望的生活。

40

鵝肝 每日低價	$ 21.86
烤鴨 爆買價	$ 32.98
有沙門氏菌的雞肉 即期品	$ 9.88

Charm them with pricing.

用定價吸引顧客。

$9.99 / $9.95 定價：研究指出，由於我們由左至右閱讀，所以在一串數字中，我們會認為第一個數字比較重要。因此，我們會下意識地覺得 $9.99 比起 $10 更接近 $9。這項感知可藉由將小數點前的數字放大來強化，如 9^{99}

奇偶定價：$2.08 或 $3.67 這樣的價格會讓人覺得賣家是以最大誠意在銷售產品。避免特價策略的沃爾瑪（Walmart）就使用這樣的定價方式。

範圍定價：線上購物的顧客可能會以售價高低幅度來尋找商品，如售價 300 到 500 美元或 500 到 700 美元的扶手椅。根據定價範圍的設定，一張售價 500 美元的椅子可能不會出現在低價區，而 499 美元的椅子則會，以獲得更多顧客注意。

菜單定價：餐廳常偏好把售價尾數定為「.95」，因為比起以「.99」作為尾數，這樣的定價使人覺得更有自尊。整數價（$10.00 或 $10 元）暗示顧客花錢審慎，結帳後不會有把玩零錢叮噹作響的聲音。去除金錢符號的菜單（如：「鵝肝 19」），則默默將低俗的商業行為昇華成品味高尚的體驗。一份康乃爾大學的研究（Yang, Kimes and Sessarego, 2009）發現，使用前述的定價方式——不論去除的是金錢符號或「元」字——顧客的消費額都會比菜單提及的金額更多。

41

big
brown
bag

Give the throwaway an afterlife.

讓垃圾為你持續曝光。

美國人每年丟棄 29 噸無法生物降解的包裝袋。投資耐用、特製的包裝袋或包裝盒，不僅能讓品牌減少垃圾量、提升顧客的售後體驗，客戶對產品包裝的每一次再利用，都是免費的廣告宣傳。

包裝不必非得如 Tiffany 的珠寶盒子般優雅特出也能起到效果。提供免費或優惠的續杯價給使用印上商標的塑膠杯的顧客，不但能快速創造營收，更能將品牌打入顧客的生活——無論是辦公室、汽車上或櫥櫃裡。紙箱上的品牌商標不但能在運送期間增加品牌曝光度，甚至在顧客重新利用紙箱寄送私人物品時，也能持續曝光。消費者們總是樂見更環保的選項。

42

給你一些薄荷糖
保持口氣清新。
謝謝。這個牛皮紙袋
讓你不必害羞。
b

Guilt 'em.

讓顧客不好意思。

超市櫃上讓你免費試吃的甜甜圈會增加你購買甜甜圈的機率。如果有專人將甜甜圈拿給你試吃，那便會激起你的**互惠本能**（reciprocity instinct），讓你購買甜甜圈的機率大增。當所提供的服務越是直接且個人化，你的互惠本能反應就越是強烈，好讓彼此互不相欠。

《應用社會心理學雜誌》（*Journal of Applied Social Psychology*）上的一個研究（Strohmetz, 2002），測試了當服務生遞上餐廳帳單時，是否一併送上薄荷糖對服務生所獲小費的影響。相對於不送上薄荷糖的控制組，默默送上薄荷糖的測試組多得了 3% 的小費。在送上薄荷糖時提及薄荷糖的第二組服務生，則多拿到了 14% 的小費。第三組服務生，不僅在送上薄荷糖時提及它們，又回頭送上更多薄荷糖並表明他們覺得顧客或許想要更多。這組服務生多穫了 21% 的小費。

研究員們總結，關鍵在於個人化。客人們覺得第三組服務生做的是購買後回訪——這樣的行為是真誠的展現。

43

溫蒂漢堡（Wendy）的創辦人兼執行長戴夫・湯瑪斯（Dave Thomas）
曾在超過 800 個電視廣告中亮相，比任何品牌創辦人都多。

Modeling the 1% is risky.

讓金字塔頂端1%代言的風險不小。

名人或其他社經菁英若和你的主要受眾對生活風格有相同的關注——即便關注的是名人的演藝、模特兒或音樂生涯——確實有助於提升品牌認知度。但與受眾毫無共通點的菁英卻能帶來憤懣。公司的執行長與品牌受眾的共通點往往僅限於品牌本身，因此讓公司執行長為品牌代言的風險特別高。除非公司的執行長風度翩翩且謙恭地非比尋常，否則廣告中亮相的執行長只會讓人覺得純粹是來搶顧客的錢。

44

Dove's "Real Beauty" campaign

多芬的「美麗畫像」系列廣告

多芬生產如香皂、除臭劑、洗髮精等美容產品。2013 年起，多芬開始倡導「女人比自己想像得更美麗」這個概念。

在廣告片中，女士們向簾幕後面的畫家描述自己，讓畫家畫出第一幅速寫；而後，多芬讓一位陌生人向畫家描述同一位女士，讓畫家畫出第二幅速寫。最後每一位女士會看到自己的兩幅畫像：女士們往往將自己描述得滿臉皺紋、疲憊不堪；陌生人眼中的卻是蓁首蛾眉、生機勃勃的美麗臉龐。

這個系列廣告在十二天內被超過五千萬人觀看，成為當時最蔚為風行的影像廣告。該系列廣告一次也沒有提及多芬的香皂或其他任何產品。

45

Traditional advertising
傳統廣告

明顯區別節目內容與廣告

Product placement
置入性行銷

為節目內容中所出現的
產品打廣告

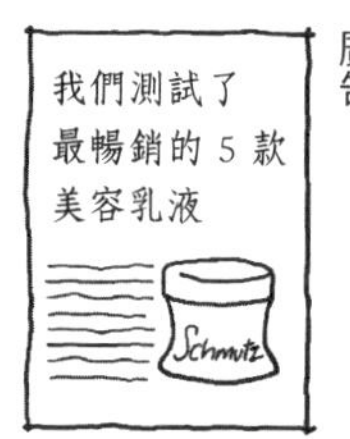

Native advertising
原生廣告

以模仿新聞的方式呈現
廣告內容

The advertorial

廣編稿

原生廣告（native advertising）被編輯在如大眾雜誌或看起來像新聞網站的網頁中。試著以新聞報導、社論、產品評測或其他編輯內容作為掩飾。原生廣告並不包含硬行銷的訊息，轉而提供提醒、建議、最佳做法或專家建議。

DIY 網站的訪客或超市小報的讀者或許會喜歡這類廣編稿。然讀者也有可能對原生廣告的內容感到困惑，或有被欺騙之感。

46

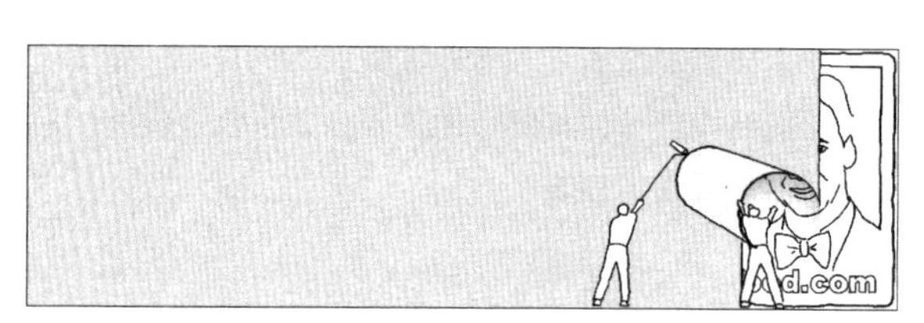

14 x 48 呎標準廣告看板

60 吋電視

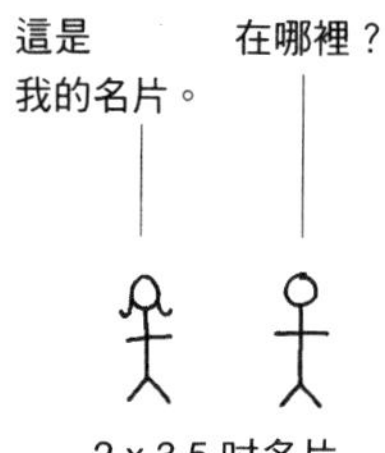

2 x 3.5 吋名片

Don't miniaturize the billboard. Don't magnify the business card.

別縮小廣告看板，別放大你的名片。

不同的媒體對廣告商和受眾各有要求，為此，你得針對不同的媒體制訂不同的策略。廣告看板雖大，但讀者的眼光可不會長駐；即便有人有時間閱讀你放在廣告看板上的長篇大論，你也無法克服廣告看板本身粗糙的質感。放在網路上的廣告片，表面上雖與電視廣告相似，但它們在電腦、平板或手機上被觀看的距離比起電視廣告可近得多——遑論受眾可能只看了影片的頭幾秒便按下「略過廣告」。名片雖小且常在收到後馬上被忽略，卻可以讓拿到的人直接觸碰並仔細檢視內容。

47

FEDERAL TRADE COMMISSION
PROTECTING AMERICA'S CONSUMERS

聯邦貿易委員會
保護美國消費者

You can stage the truth, but you can't lie.

你可以決定如何示真相，但萬萬不可說謊。

尿布、除臭劑甚至排水管清潔劑的實際使用情境，展示起來可一點都不教人愉快。若你沒有更好的方法來展示產品的使用情境，那就用模擬的吧！如果呈現實際情境會令人不悅，那你便不會因選用模擬而遭非難。只有在惡意誤導或架謊鑿空的狀況下，強調優點而對缺點輕描淡寫才是不道德的。

48

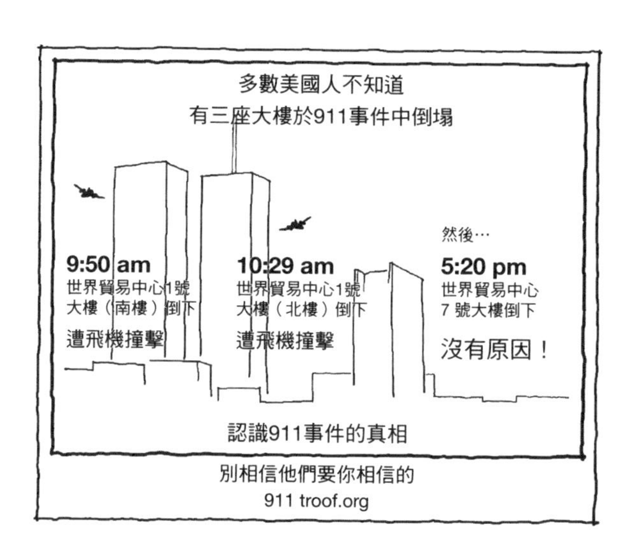
多數美國人不知道
有三座大樓於911事件中倒塌
9:50 am
世界貿易中心1號
大樓（南樓）倒下
遭飛機撞擊
10:29 am
世界貿易中心1號
大樓（北樓）倒下
遭飛機撞擊
然後…
5:20 pm
世界貿易中心
7 號大樓倒下
沒有原因！
認識911事件的真相
別相信他們要你相信的
911 troof.org

The key ingredient in propaganda is truth.

真相是宣傳的關鍵要素。

宣傳多數出於政治理由而推廣一特定觀點或議程。儘管宣傳的手法總是偏頗片面、誇大其辭又刻意引人困惑，宣傳的核心戰略仍仰賴高度精確的真相。這些真相被去脈絡化、審慎地編排以引導那些盲信者，去相信那些與真相併陳的謊言與強辯也都是真的。

正當的說服法則藉由展現所持論調的固有價值來改變他人的看法。這樣的方法公正且完整地展現一個議題的多面性，論者得以彰顯何以自己的觀點更為可取。宣傳傾向於曝光與強調成見，而非改變他人想法。

"All propaganda . . . must fix its intellectual level so as not to be above the heads of the least intellectual of those to whom it is directed. . . . The broad masses of the people are not made up of diplomats or professors of public jurisprudence nor simply of persons who are able to form reasoned judgment in given cases, but a vacillating crowd of human children who are constantly wavering between one idea and another. . . . The great majority of a nation . . . are ruled by sentiment rather than by sober reasoning."

——ADOLF HITLER, *Mein Kampf*

「一切的宣傳……其內容的知識水準都不應高於宣傳對象中最無知者。……大眾並非由外交官和公法教授們所組成，甚至不包含能在特定情況下做出理性判斷的人。大眾是一群反覆無常的小孩，不斷在各個想法間搖擺不定。……一個民族中大多數人……都是被感性而非清醒的理性所統治的。」

——阿道夫・希特勒，《我的奮鬥》

50

Copyright

版權

終身保障創作者的書寫、影像、音樂及其他形式的創作至創作者死後的 70 到 120 年。公司的商標、吉祥物或其他能茲辨識的東西皆不受版權保障。

TM ® SM

Trademark

商標

在美國專利及商標局註冊，以保障能辨認產品或服務來源的口號、聲音、LOGO及圖像。沒有註冊的商標會以 TM 或 SM（Service Mark，服務商標）來標識。

Intellectual property

智慧財產權

你想在廣告中使用的既有圖像、音樂、角色、文字應該都受版權或商標保護。受保護資產的使用權與使用費取決於何時、何地、如何使用、以及你意圖使用它的頻率。唯在全額買斷的情況下，無限制的使用方被允許。否則，受保護資產的使用授權和費用需逐次議定。一紙允許在波特蘭的三份報紙上使用一幀照片的協議，不會給予你在西雅圖雜誌上刊登該照片的使用權。沒有新的協議書，在電台上的 60 秒廣告中所使用的音樂，不能被用在另一個 30 秒版本的廣告裡。

51

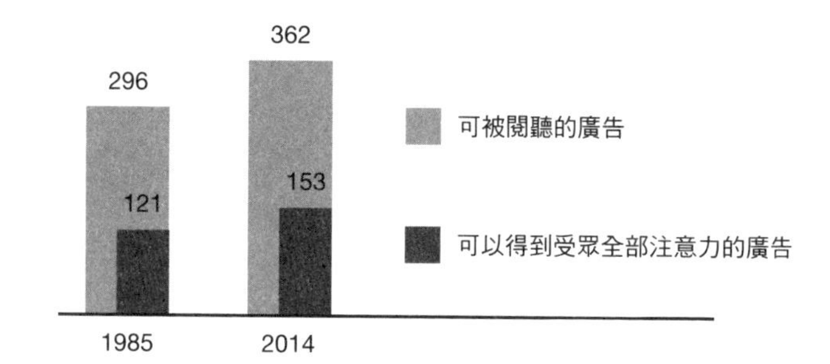

每人平均每日接收到的廣告曝光量

資料來源：Media Dynamics, Inc.

Wearout

損耗

所有廣告都終將失效。投放已失效的廣告可能會觸怒消費者。當廣告達到了最大效益，損耗便隨之而來。你無法靠失效的廣告贏回受眾，當受眾不再被一則廣告所打動，就別想繼續用這則廣告了。

損耗隨著互動的**頻率**、**曝光度**和**時間**漸生。一則對同樣受眾頻繁曝光的廣告可能在四週後失去效益；若將曝光量降低至每年僅曝光一週，這則廣告的效期或可長達數十年。有些吉百利巧克力蛋（Cadbury Crème Egg）廣告已逾三十年未變，因為它們只在能從受眾的懷舊感中受益的復活節前曝光。

TRADER JOE'S
TEXACO
CHUCK E CHEESE'S
Sprint >
TAN

Sidestep the clutter.

迴避凌亂。

把一則訊息放在情理之中、卻意料之外的地方，它將能在各種同類的「凌亂」中獨樹一幟。若一城市旅遊局將他們的廣告刊登於旅遊網站或《旅遊者雜誌》（*Condé Nast Traveler*）中，這則廣告將被一大堆競爭對手的廣告所隱沒。但若該城市以佳餚與音樂聞名，則在美食頻道網站 FoodNetwork.com 或《滾石雜誌》（*Rolling Stone*）上刊登廣告，或將更加有效。

53

Converse 帆布鞋廣告

Change the motivation.

改變購買動機。

當品牌開始過時而銷量停滯不前時，便該找出新方法回應顧客需求。凱利藍皮書（Kelley Blue Book）從一間汽車價格指南的出版社，搖身一變成為即時的線上汽車百貨資訊網。西爾斯百貨（Sears）在數十年間曾是購買工具和割草機的不二首選，他們開始強調品牌溫和的一面以宣傳女性用品產品線、認可女性在消費決策上的影響力，這樣的策略轉變，使他們聞名於商業案例。Converse 在明白競爭對手提供的產品做為運動鞋，比自家的查克・泰勒帆布鞋款（Chuck Taylor's All Star）更加技術先進之後，重新將自己的商品定位為時尚要件。

54

你會想觸碰的肌膚

海倫・蘭斯多・雷索爾（Helen Lansdowne Resor）在1911年為 Woodbury 香皂創作的系列廣告，是第一個被認為成功運用性欲望的廣告。

Don't use sex to sell unsexy things.

別用性感推銷不性感的東西。

當你在廣告中運用性感圖像，試圖推銷如電腦或割草機等實用商品時，受眾無疑會識破你的詭計。他們很快會發現你這顯而易見、想博取好感的企圖，並容易對你的廣告產生心裡抗拒（Brehm, 1966）。

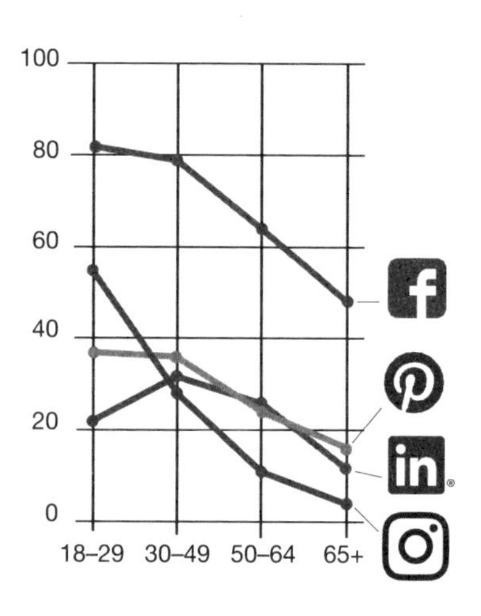

不同年齡層的網路使用者使用社交平台的百分比

資料來源：皮尤研究中心（Pew Research Center）

Meet young audiences on their turf.

到年輕人的地盤去找年輕的受眾。

2000 年代初，老香料（Old Spice）是個主要顧客群年紀較長、正在老化的男士美容品牌。他們聘請 W+K （Wieden+Kennedy）廣告公司為他們觸及更年輕的客群。2010 年，老香料在電視上推出了一個名為「男人，該有男人味」的系列廣告，並由演員以賽亞・穆斯塔法（Isaiah Mustafa）飾演「老香料佬」大開大男人主義玩笑。W+K 在臉書和推特上挑選了數條對該系列廣告的正面評論，並推展出一個影片回應活動。短短幾天內，W+K 發布了 186 支「老香料佬」對粉絲留言個別回應的影片到 Youtube 上。

老香料的推特追蹤人數、臉書粉絲和 Youtube 頻道訂閱人數，隨著該系列影片成為史上最受歡迎的線上互動式系列廣告而暴增。至 2010 年底，老香料已成為了美國最暢銷的男士沐浴乳品牌。

56

2008 年英國政府商務辦公室（British's Office of Government Commerce）的 LOGO
因其旋轉後的樣子令人聯想到起生理反應的男性而被移除。

How many ways can a junior high schooler make fun of it?

國中生會用多少種方法嘲笑一則廣告？

創作廣告就像為新生兒命名：明智的父母總對每個可能的名字可以怎麼樣被取笑忖度再三。在推出系列廣告前，盡可能和所有人——包括那些並未參與廣告創作的人——一起腦力激盪，想想其他人能如何修改、曲解、戲仿你的標語、文案、產品名稱、廣告片還有 LOGO。重新排列字詞、音節、字母；套用不同的字體；努力想出最惡劣、粗鄙、不雅不恰當的網路迷因；故意讀錯、試著押韻、甚至想想可能有怎樣的性暗示。

57

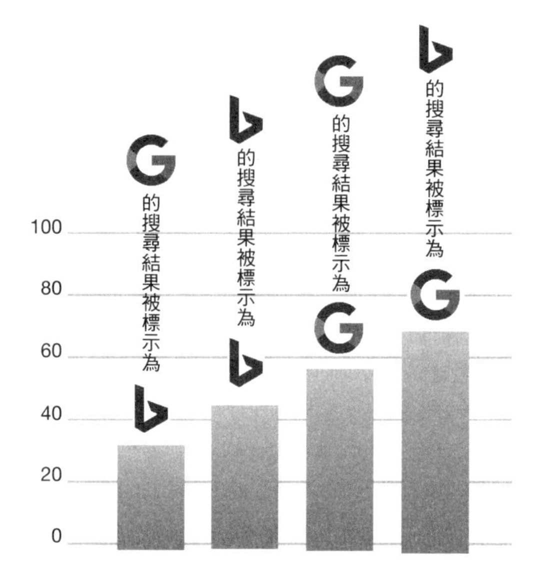

受訪者喜歡的搜尋結果比例

Research to discover, not to affirm.

研究是為了「發現」而非「確認」。

確認偏誤（Confirmation bias）指的是我們容易去注意或正面解讀支持我們偏好的證據，而忽略、刪減或扭曲不支持自己偏好證據的傾向。

2013 年，一份由 SurveyMonkey 公司所進行的研究，揭露了使用者們對線上搜尋引擎的確認偏誤。研究員們向消費者分別展示標有 Google 和 Bing 搜尋引擎名稱的搜尋結果。多數消費者偏好那些標有 Google 的搜尋結果。接著，研究員們向消費者展示了特意標上錯誤搜尋引擎名稱的搜尋結果。即便那些搜尋結果的真實來源是 Bing，多數的消費者再次選擇了 Google。這樣的結果源於 Google 強大的品牌形象，使得研究的參與者展現出參加研究前的既有偏好。

58

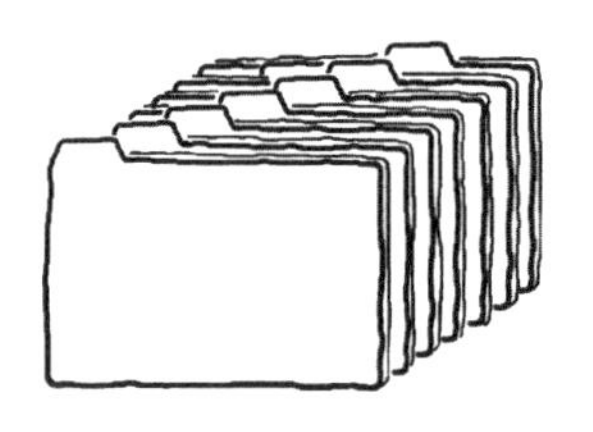

Datafication
數據化

以任何形式
系統性地記錄資訊

0 1 0 0 0 1 0 1   0 1   0 1 0
1 0 0 1 1 1   0 1 0 0 1 1 1 1
0 1 1   1 0 0 1 0   1 0 1 0 0
0 0 1 0 0 0 1 0 1 0 0 1 0 1 1
1 0 0 1 1 1 0 0 1 1 1   0 1 0
1 1 0 0 1   0 1 1   1 0 0 1 0
0 0 0 1 0 0 0 1 0 1 0 0 0 1 0
0 1 0 0 1 1 1 0 0 1 1 1   0 1
0 1 0 1 1   1 0 0 1 0 1 0 1 0

Digitization
數位化

用二進制格式紀錄資訊
以供電腦使用

Data

數據

第一方數據：從消費者處直接收集到的資訊。這些資訊可以是消費者自願給出的，如在店內消費時留下了住址、在 google 搜尋或在臉書上貼文。消費者在非自願的狀況下亦能留下資訊，如透過網站 cookie 監察消費者電腦上的瀏覽活動。

第二方數據：一家公司能向其他公司購買或共同協議而取得的消費者資料。如豪華轎車廠從奢侈錶廠那裡購買或共享消費者資料。

第三方數據：廣告商從數據聚合商那裡購買的消費者資訊。數據收集者能從許多來源收集數據，以完整了解個人或特定網路 IP 用戶的習慣和偏好。廣告商則會在將來的廣告中使用這些消費者數據，以精準地定位特定受眾。

59

Randomer is accurater.

越隨機越準確。

越是隨機取得的數據便越是準確。然隨機並不意味著全然順勢而為，數據的取得需要一定的系統性。設想你在一家雜貨店進行民調，系統性地採訪每次第十個走出店門的人，比「隨機」訪問店內的顧客，前者所得的資料會更為隨機，且更加準確。蓋因後者所取得的數據，受你對哪類陌生人搭話的偏好所影響。

然，即便是最審慎取得的數據也不會是全然隨機的。來自雜貨店顧客的數據或受雜貨店品牌、地理位置、受這是一家雜貨店而非農夫市集或合作社之事實，乃至你進行民調的日期與時間所影響；線上調查所得的數據，來自更喜歡點擊網站聯結的人；Youtube 影片的讚與倒讚數據則受人們易於喜歡他們所搜尋的影片的先見所影響。

你還有更多數據嗎？
還是只有那一項？

Data is singular enough.

「數據」本身就是單數名詞。

在英語中，大多數的名詞為**可數名詞**（counting nouns）；這些名詞有單、複數詞型。麗諾有一輛腳踏車、三塊錢美金和許許多多的朋友。**不可數名詞**（mass noun）則不具複數詞型：行李、交通及健康皆不可數。**集合名詞**（collective noun）的概念與前者相似，將一個群體視為單一集合，如階級、群體、觀眾。然而，集合名詞會因其指涉的是群體或群體中的個別成員，而有單、複數詞型。如：「陪審員被隔離」或「陪審團的觀點分歧」。

數據（Data）其實是一個複數詞型，單數為 **Datum**，指的是單一的一項資訊。顯然，數據其實是可數名詞，於是我們才會說「這些數據是可靠的」。然而，在日常語言中，「數據」一詞的單複數關係近不復存。單數的「數據」（datum）常被用來指涉單一參考資料。數據（data）一詞已然成為集合名詞。

61

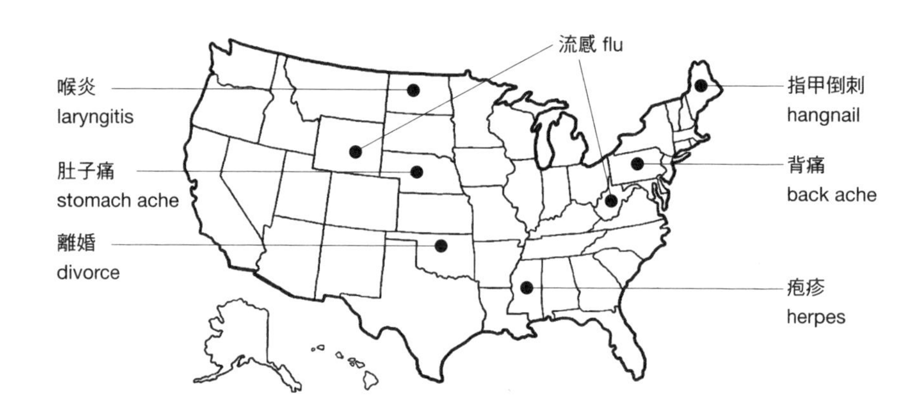

在所有搜尋關鍵字中，各州占比最高的搜尋關鍵字是什麼？

資料來源：Google 搜尋趨勢（Google Trend），2016

Two views of big data

對大數據的兩種觀點

大數據能敵專家。在大數據時代到來前，專家們仰賴他們的經驗、才智、直覺來解釋人類行為。大數據讓這些專業再不必要。大數據讓沃爾瑪知道糟糕的天氣能讓草莓夾心餅大賣；讓 Google 能用搜尋引擎上同地區的熱搜關鍵字預測疾病爆發的地點——這些都是過往的專家不會想到去研究的。數位時代的專家並不比數據聰明，他們得靠數據說話。

大數據不克直覺。數據訴說我們「曾」怎麼樣，卻無從斷言我們「能」怎麼樣。真創新為直覺所感；而非資訊所讀。如蘋果和特斯拉這樣高度創新的企業，幾乎不做市場調查。對真天才來說，大道心得，非推演而來。

"If I had asked people what they wanted, they would have said faster horses."

——HENRY FORD

「若我當年問顧客他們想要什麼，他們肯定回答想要一匹更快的馬。」

——亨利・福特

63

霜淇淋

Sometimes screwing around is screwing around. Sometimes it's actual work.

胡作不一定非為。

廣告學院的新生各擅所長、各有所短。若你的思考脈絡清晰，你便會為那些在解決問題上拐彎抹腳——甚至看起來全然在浪費時間——的學生所困惑。但，若你需要為 Dave & Buster's 餐廳創作一系列廣告，你能全憑網路搜索或資料分析學到你該知道的一切嗎？或許親身到訪 Dave & Buster's 餐廳會頗有價值？既然你都到了餐廳，何不順道造訪水牛城狂野雞翅餐廳（Buffalo Wild Wings）和當地的電子遊藝場以做比較？

64

Being creative by yourself doesn't work.

只有你有創造力可不行。

好點子並非獨立存在，而需和真實世界的人群有所關聯。若在創作時對受眾的社群毫無參與，你的創作成果自然也難讓你以外的人也參與其中。

當你在創作上遇到瓶頸，與他人合作或可使你茅塞頓開。即便其他人不能給你明確的想法，他們也將指引你往從未想過的方向思考。就算你不認同他們的建議，你也會被他們的否定所激勵，努力想出更棒的點子，就為了證明你自己比他們還行。

65

我比這些傢伙
聰明多了。

You don't have to defend one idea to the death.

不用誓死維護你的點子。

當你的點子受批評，你自然感到被誤解。或許你會想著自己才智過人，方不被賞識；認為天才的代價就是得面對庸眾的憤懣。這或將讓你對那些被評為不可行的概念更放不了手，並拒絕轉向新的點子。

但就算打槍你超棒點子的人真的誤解了你的概念，你又何必裹足不前？若你真是才當曹斗，你的好點子自當源泉滾滾。對一個點子不能放手，將窒礙其他點子陸路成渠。

66

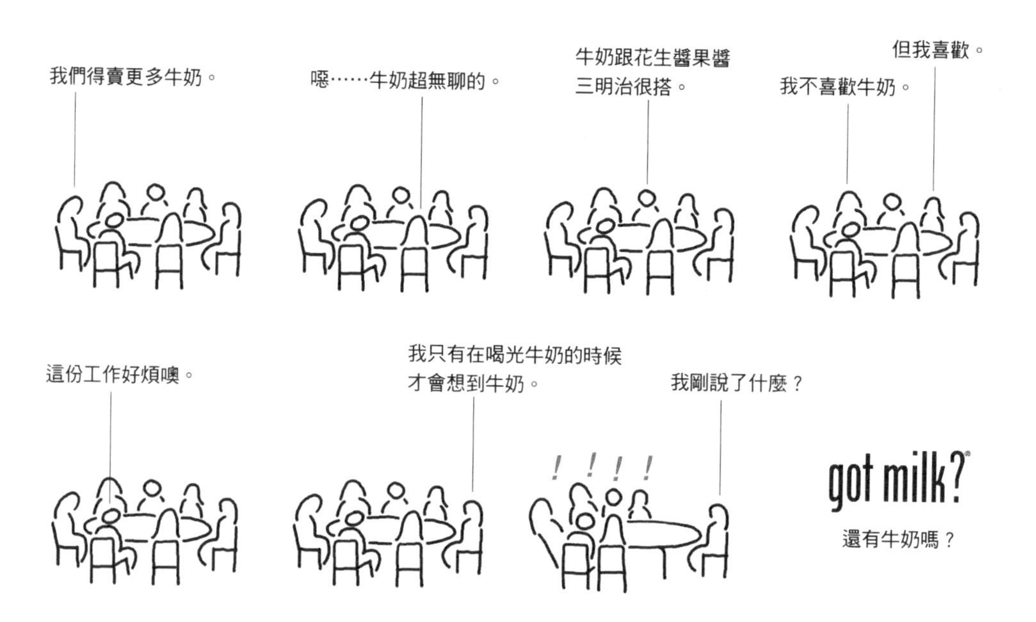

模擬廣告公司 Goodby, Silverstein & Partners
為加州牛奶委員會（California Milk Processor Board）創作系列廣告的過程，1993

Insight on insight

洞見洞見

洞見並非觀察所得，也非憑空發明。洞見不是一閃的靈光，也不是明確點出何處東風尚欠。洞見，是對一個情況的本質性理解。

尋找洞見的路程冗長且令人氣餒。研究、腦力激盪、聚焦而後再聚焦、篩選然後再篩選，堆土成山以後再次平地，這些都是此途必經，而人們經常受挫放棄。但，就在放棄之時，你對你的處境變得陌生，從此陌生之中，全新的觀點將豁然而開。

最終被尋獲的洞見汪洋宏肆；明確簡直：在揭露人性真相或文化經驗的同時，又和產品與產品種類契合符節。洞見驚喜、啟發、澄明。洞見的存在，就像那些你長久感知；卻於往昔未曾真正上過心頭的事物。

The truest truth

最可信的真相

提筆創作出色的品牌標語或廣告文案前，先理清關於品牌的真相。對於這個品牌，你最直接、未經篩選的描述是什麼？這個品牌的顧客、大眾和你對這個品牌的觀點又是什麼？

最可信的真相通常是一句包含了「但」字或其他限定詞的簡潔陳述。此陳述應表達出你對該品牌愛好者的區分方式，或是模擬出潛在買家接觸該品牌時，在心中如何和自己對話，如：

寶馬汽車（BMW）：他們讓其他駕駛不爽，但這就是重點。

Crest 牙膏：我不知道這跟高露潔哪個比較好，不過我習慣用它們的牙膏，而我的牙齒也還沒有掉。

SmartFood 即食爆米花：買這個似乎並不明智……吧？這東西健康嗎？欸，這很好吃。

對於一個品牌，你或許會想到超過一個最可信的真相。無論如何，這樣的陳述都不會成為品牌標語或廣告文案。但最可信的真相有助於將系列廣告聚焦在品牌的真相上，並防止你在廣告中只說些自己認為該說的話。

68

波克夏銀行
美國最令人興奮的銀行

A tagline doesn't have to tell the whole truth, but it should tell a believable truth.

標語無須表盡實情，但它訴說的真相必須可信。

空口無憑。受眾沒有理由相信你直接宣稱「客服迅捷且積極」一詞。但若你說：「我們會在一小時內回覆。」你便提供了受眾可信且可驗證的憑據。

強調「不同」，而非「最好」。當你揚言生產最先進的產品、堅明約束、取最高標準已精求精，受眾該相信你嗎？聲稱自己「最好」只會引人疑竇。比之鶴立雞群，宣揚自己如何與眾不同將更有效地吸引顧客關注。

別主張一個明理人會斷然否定的主張。一則英國石油公司（BP）的廣告稱「這是空前的好油」。當然沒有石油公司會拿「我們的新汽油不如舊汽油」來打廣告，這使得前述英國石油公司的廣告對消費者而言毫無意義。

別提出單令你沾沾自喜的主張。一家鄉村、區域性的銀行，真的相信顧客想要的是高風險高報酬的刺激嗎？把整個美國設定為目標市場，真的對這家銀行有益嗎？

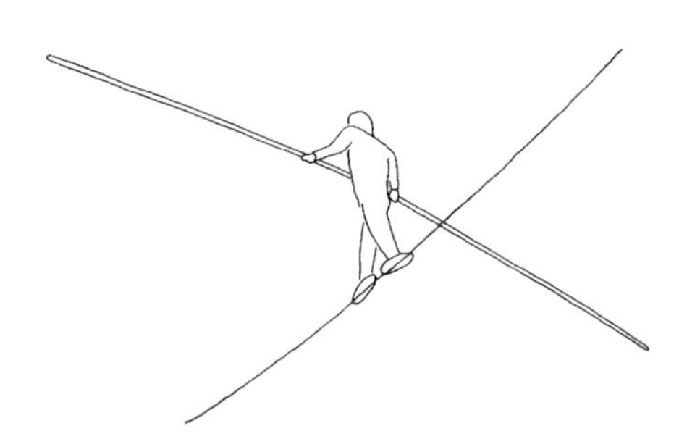

If you're being truthful, it will feel risky.

守其誠正，則如履薄冰。

若你創作的廣告乃基於你已然確定的成效，或對一成功品牌廣告的襲仿，那你的廣告注定淹沒在嘈雜眾聲裡。想要獨樹一幟，那你真的得別具一格。想要別具一格，那就得端本澄源。惟冒輕率天真之險，你方能認清你的受眾與他們的需求，以及如何觸及他們。以最為誠正的方式解決你眼前的問題，你終能覓得泛應曲當、不落窠臼的解方。

70

"Cut the marketing bullshit and get to the truth."

——JOHN C. JAY, in the documentary *Briefly*

「別講行銷廢話，直接給出真相。」

——約翰・杰[1]，於紀錄片《Briefly》

譯註1：約翰・杰（John C. Jay）曾是 W+K 廣告公司的全球創意總監，並於 2004 年創立 W+K 東京辦公室。

71

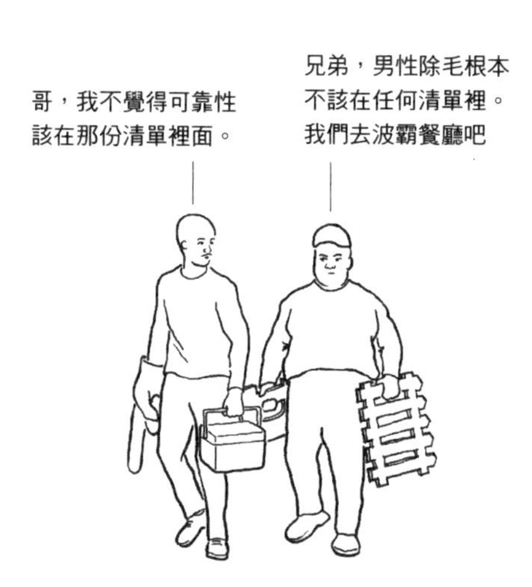

「波霸餐廳（Breastaurant）」是Bikinis Sports Bar & Grill餐廳的註冊商標

Everyday words come from advertising.

來自廣告的日常用語。

你可以用**蠟筆**（crayon）來為**飛盤**（frisbees）的**購買機會**（shopportunity）創作**傳單**（circular），把傳單的**影本**（Xerox）貼在**電梯**（elevator）門上。若電梯的**可靠性**（dependability）出了問題，搭乘**手扶梯**（escalator）同你**家人般的好友**（framily）會面共進午餐，順帶比較各種**非可樂飲料**（uncolas）**好不好喝**（drinkability）。出門之前，你可能會拉下**拉鍊**（zipper）好做**男性除毛**（manscaping）。受傷的話，便用**舒潔衛生紙**（Kleenex）、**OK繃**（Band-Aids）以及**阿斯匹靈**（aspirin）來包紮傷口舒緩情況。

72

JUST DO IT.

放膽幹。

Adapt emerging language.

採用新語言。

由 W+K 公司創作於 1988 年，Nike 的著名標語其實啟發自 1977 年殺人犯加里・吉爾摩（Gray Gilmore）伏法前的遺言「我們開幹吧！」（Let's do it.）。惟此口號的長期成功或可歸功於「幹吧」（do it）一語，作為婉轉表達行愛用語的雙關。比之今日，「幹吧」在 1988 年的語境下更顯粗鄙，但也已引起大眾注意。W+K 為 Nike 採用此標語：放膽（Just）一詞將 Nike 與體育器材該有的「馬上行動」特性聯繫起來。而結尾的句號更強調了 Nike 對夢想成功的運動員的正面啟發。於此標語的長久使用時間內，Nike 從未在廣告中直接使用性暗示。

73

Old saws still cut wood.

幾把不老寶刀。

創造讓人想置身其中的廣告。創造一個世界或一種生活方式，讓顧客想要置身其中。享樂、與朋友交遊或解決一項問題。

瞻望未來，莫回望過去。向受眾展示你的產品對引領他們邁向未來大有助益。

推廣正面體驗。指出一項經驗的負面之處並無傷大雅，但務必讓受眾為你的產品能如何幫他們擺脫這些負面體驗感到興奮。

你可以賣年輕人的車給老人；但反之則不然。多數人喜歡把自己想得比實際更年輕，而你的廣告該幫助觀眾做到這點。

對爛產品來說，沒有什麼比好廣告更糟的了。若一個系列廣告比產品本身還優秀，那壞事可是會傳千里的。

沒有什麼是狗狗和小孩不能幫你賣的。雖然很沒創意，但這是事實。

74

This is not your father's Oldsmobile.

這不是你老爸的老車。

The campaign that helped shutter America's oldest carmaker

讓美國最老車廠關門的系列廣告

蘭塞姆・奧茨（Ransom E. Olds）於 1897 年創立的奧斯摩比（Oldsmobile）汽車公司，在二十世紀多數時間裡坐享清晰的品牌定位與穩健的銷量。惟於 1985 年達到年銷 110 萬輛的顛峰後，顧客對奧斯摩比的購買意願斷然下跌。此乃奧斯摩比產品線老化、目標客戶群改變及外國車廠的競爭所致。

1988 年，奧斯摩比推出一個系列廣告試圖改變大眾對自家汽車的看法。不幸地，「這不是你老爸的老車。」並未引起汽車買家的共鳴。廣告的失敗事後被歸咎於所推銷的形象不符奧斯摩比所既有；該廣告望回舊日尋找靈感而非瞻望未來。這則系列廣告將奧斯摩比推入了進退維谷的處境：它告訴既有的顧客他們年衰歲暮；又警惕年輕人別買老人的車。奧斯摩比不但疏遠了原有的顧客，更招攬不到新的消費者。

1990 年，奧斯摩比撤下了失敗的舊標語，但不慍不火的新標語「我們是全新的奧斯摩比」同樣無從啟發消費者。至 2000 年，奧斯摩比的銷量僅佔 1980 年代巔峰時期的 25 %，讓母公司通用汽車（GM）決定結束該品牌。2004 年，奧斯摩比生產了它們最後一輛汽車。

75

家樂氏棉花糖米香（Kellogg's Rice Krispies）的吉祥物，Snap、Crackle 與 Pop

Three is good company.

好事不離三。

三個一組呈現出來的概念、圖像容易令人感到愉快、有趣及深刻。如：「生命權、自由權和追求幸福的權利」（Life, liberty, and the pursuit of happiness）[1]；「飛機、火車、汽車」（*Planes, Trains, and Automobiles*）[2]；「我來、我見、我征服」（*Veni, vidi, vici*）[3]。

「三」是建構模式或韻律所需的最低數量。若你有四項，請考慮減去一項；若你只得兩樣，那便繼續努力吧。

譯註1：此為美國獨立宣言中的名句，全句為「我們認為下面這些真理是不證自明的：人人生而平等，造物主賦予他們若干不可剝奪的權利，其中包括生命權、自由權和追求幸福的權利。」

譯註2：為導演約翰・休斯於 1987 年執導的電影 《一路順瘋》之英語原文片名。

譯註3：此處原文為拉丁文，乃凱薩於澤拉戰役（Battle of Zela）中戰勝本都王國（Kingdom of Pontus）後，發給羅馬元老院的著名捷報。

不同凡想

賽百味
吃得新鮮

一定要買到 Gund 公仔

Write good.

善寫。

口號或標語不必在文法上全然正確。若要打破文法規則，確保你的句子簡潔精粹、讓人琅琅上口。

77

S-E-N-S-A-Y-...

Spell sensationally.

絕妙的拼字。

絕妙拼字（sensational spelling）是藉由故意拼錯字來吸引注意的手法。如 Flickr 或 Krispy Kreme 皆是例子。相較於正確的拼字，絕妙拼字不但令人印象深刻，也更容易取得網域名稱。

絕妙拼字更容易註冊商標；若正確的拼字能輕易獲准註冊為商標，那公共與日常語彙將大受限制。Sci-Fi[1]有線電視公司正是因此於 2009 年將其名稱更改為 Syfy。Froot Loops[2]（香果圈）的絕妙拼字更為母公司家樂氏帶來額外的好處：避免這款不含水果的麥片因廣告不實而吃上官司。

譯註1：兩者同音，前者為「科幻」（Science Fiction）的常用縮寫。

譯註2：「Froot」與「fruit」（水果）同音。

78

Rhetorical Communication
修辭溝通

通常是階級式的，由一個
「知情者」宣講，
旨在改變他人想法或鼓勵行動

Relational Communication
關係溝通

更加包容且非階級式的溝通，
旨在強化討論者間的連結

The more you talk, the less you will be trusted.

言多則信寡。

誇耀自己過往豐碩工作成果的同事引人疑竇。鉅細靡遺報備自己晚歸原因的另一半或孩子，引起家人的憂心多過放心。在雞尾酒會上逢人便滔滔不絕，宣揚自己意見該被採納的友人令人訝異。長篇大論總是引人不適。

我們好像用上
太多行話了。
真的，或許我們
該改改了。

Clichés bog down creativity.

老調引不出新音。

比起使用大家過分熟悉、人人愛提的時髦用語，你的想法不如以冗贅的原創字眼表達。在創作過程裡，別將你最真切的點子和想法讓道給陳腔濫調。前者雖粗璞，卻能激勵他人加入一同切磋琢磨。老調凝絕創作，讓他人非得解弦更張，方能續譜新音。

80

別讓妳的球也跟著彈

安娜・古妮高娃（Anna Kournikova）為英國運動內衣品牌 Britain's Shock Absorber Inc.
代言的多功能運動胸罩廣告

No padding.

忌拖沓贅餘。

過多的資訊讓讀者不知所措，會降低訊息的有效性。這種文案暗示著作者要麼假定受眾將讀不捨手；要麼不信讀者能解箇中隱意。甚至影射創作者對其訊息主旨也不甚了了。

改動文案長度時，得冷酷無情。但莫便宜地縮短訊息，你得煉其精髓。劃去文眼外的所有字。若仍有更多資訊想傳達，那便多推出幾個廣告或導引消費者至你的網站。執行時，直接給出網站連結，別說「如需更多資料，請造訪 www.101ThingsILearned.com」。

81

花四美元買咖啡很蠢

這裡提供義式濃縮咖啡

麥當勞的系列廣告

Seven words on a billboard.

告示牌上七個字。

廣告看板雖大，但汽車飛馳，能受到注意的時間有限。在大尺度媒體上，應省略免費專線號碼、長篇文案、網址及其他會令廣告顯得雜亂的資訊。

"I'm sorry I wrote you such a long letter; I didn't have time to write a short one."

——BLAISE PASCAL,
Provincial Letters, 1656

「我為此封長信向你致歉；我沒時間寫短信。」

——布萊茲・帕斯卡[1]，《致外省人信札》，1656

譯註1：布萊茲・帕斯卡（1623-1662），身兼數學家、物理學家、化學家、科學家、神學家、哲學家等身分，堪稱十七世紀法國的「學問全才」。創立了概率的數學理論並設計出歷史上第一台可計算出六位數的計算機。著有《大氣重力論》、《液體平衡論》、《數學三角形論》、《致外省人信札》、《思想錄》等書。

83

Lite 'n' Breezee

24-hour pads

輕盈 24 小時衛生棉

Firckmeyer

Security Systems

富梅爾安全系統

Crapmeister

German tradition. American brewed.

葡萄大師

德國傳統；美國釀造

Font is tone of voice.

字體即調性。

用來傳達訊息的字體本身，亦是一種傳達方式。將你的廣告文案套上各式字體——包括那些你壓根沒打算用上的——來檢視字體能帶來的影響。想來詼諧的字體使文案讀來不如你預想的嚴肅；細體或能帶來前所未見的新鮮感；斜體則令人覺得訊息舒徐，彷彿順帶一提的耳語。帶有異國風情的字體暗示著獨家高檔，甚至有著職人氣息。當訊息內容與字體的搭配令你覺得渾然天成，而非一時權宜時，你就找到了理想的字體。

84

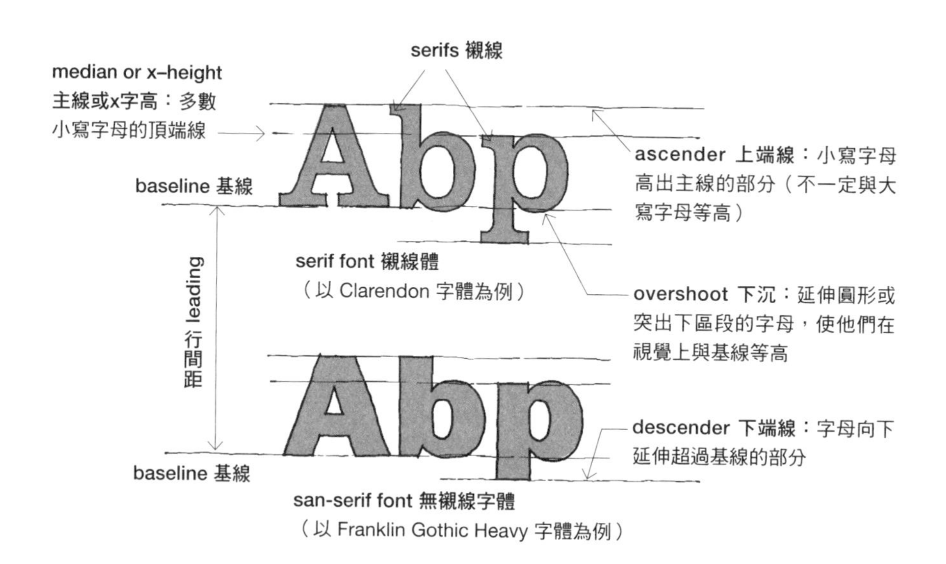
serifs 襯線
median or x-height
主線或x字高：多數
小寫字母的頂端線
baseline 基線
ascender 上端線：小寫字母
高出主線的部分（不一定與大
寫字母等高）
serif font 襯線體
（以 Clarendon 字體為例）
leading
行間距
overshoot 下沉：延伸圓形或
突出下區段的字母，使他們在
視覺上與基線等高
descender 下端線：字母向下
延伸超過基線的部分
baseline 基線
san-serif font 無襯線字體
（以 Franklin Gothic Heavy 字體為例）

Sans serif fonts are grotesque.

無襯線字體就是怪誕體。

歷史上，多數字體在每一筆畫的尾端皆會附上額外的小裝飾，或稱襯線。襯線的起源難稽，或有說其本為清理碑上刻字稜角者。

在 1700 年代，無襯線字體首次出現時，有些觀者視之笨拙，並將其蔑稱為「怪誕」（grotesque）。這個稱呼後來成為許多字體的正式名稱，如「Franklin Grotesque」、「Monotype Grotesque」。對無襯線字體的這些批評或許合理：許多無襯線字體的字幅寬度分配不當，甚至缺乏小寫字母。但人們也發現無襯線字體更易於快速閱讀，十分適合用於新聞頭條、廣告看板及其他簡單的布告。可嘆的是，這更使大眾覺得無襯線字體庸蠢且不顧讀者感受。誹謗者謂：有價值的訊息就該用襯線字體傳達。正因於此，時至今日，多數書籍、報紙、學術期刊與網站的主要內容均使用襯線字體——就算其題名用的是無襯線字體。同樣地，橫向襯線有助於在視覺上將一個單字內的各個字母連結起來，使文本閱讀起來更加容易。

85

Google

1999

Google

2015

Serif fonts don't scale well.

襯線字體難以調整大小。

襯線字體的細節在行動裝置的小螢幕上時常扭曲失真。這正是 2015 年 Google 將商標由襯線字體改為無襯線字體的主因。該年度，Google 在行動端所獲的搜尋數量首度超越了桌機。Google 的新字體保留原有商標的繽紛色彩，但在各種螢幕大小上皆能輕易閱讀。

86

字母相觸

字母相觸

BLAUPUNKT

軟體預設字距，使用 Helvetica 黑斜體（Helvetica Black Italic）

官方商標

為平衡字距而提出的修改建議

Be better than the software.

要做得比軟體好。

字體表面上被設計為能配合各種字母組合運作，但字距的問題仍在所難免。這樣的問題在一般的文字內容中或許難以察覺，但當文字被左右對齊、放大、套上粗體、斜體、或換上少用的字體時，字距的問題便能大得嚇人。

將注意力從文字上移開，把一個單字視為各式抽象圖案的組合以找出字距的問題。詳盡間距的分配，留心比例不當之處。若整體的間距需要調整，可以從增減字母間的**平均距離**（tracking）下手。**字距調整**（kerning）能修正特定字母與兩邊字母的距離。若需修改的文字相當重要或極具標示性，如商標內的文字，則可個別調整每個字母，以提升視覺上的和諧與平衡。

將讀者的注意力導向書芯

左方人物將讀者的目光
導向行動呼籲

Direct the flow of energy.

引導讀者的注意力。

利用人物和物件來向讀者做出行動呼籲、傳達廣告訊息。廣告中的人物、動物、物品皆應面向或導向廣告文案或行動呼籲。在影像廣告中，你該讓他們「走進」廣告裡頭。

若廣告在網頁上呈現的位置是已知的，應盡可能將讀者的注意力引導至螢幕的中心。在如雜誌或型錄等平面出版物上，最好將讀者閱讀的注意力引至書芯。自書芯向外移動的人物或交通工具會使讀者興味索然，因為他們正從此刊物中「離去」——即便這樣的問題在左翻書籍的右頁中較不明顯，蓋因向右「離去」的方向與讀者閱讀的方向一致。

人類大腦的圖像處理速度是文字處理速度的六萬倍，我們總希望能取巧於圖像以減閱讀之勞。若在看懂圖像之前還得先讀標題，那便調整標題大小，並將其放在明顯處。

88

We “see” from top to bottom, left to right.

我們自上而下、從左至右看。

在西方，人們閱讀圖片的方式同於閱讀文字：自左上角著眼。肇因於此，交通工具在側寫中總是面左而現。這讓讀者能從頭至尾「閱讀」它們的外型。

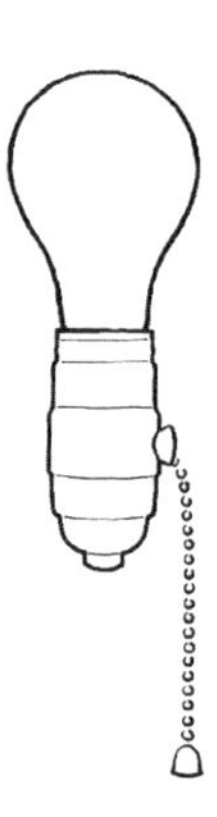

Make images right-handed.

為右撇子調整圖片。

研究指出，讀者更青睞能立即想像他們與產品互動的廣告。在一項研究中（Elder and Krishna, 2012），參與者觀看了數則販售同一個馬克杯的廣告，這些廣告的唯一差別，就在馬克杯把手的擺放方向。參與者們在看完把手朝右的馬克杯廣告後，購買意願最高。右手，恰恰是 90% 人口的慣用手。

標誌性品牌的用色令人念念於心

Emote with color.

傳情於色。

黑：權威、強壯、神祕、雅致

白：純、淨、無邪、坦直

棕：土氣、堅實、不易、真誠、可期

綠：天然、豐饒、可再生的、富裕、可羨

藍：平和、沉著、穩定、守舊、負責、哀愁

紅：熱忱、緊要、危險、活潑、憤恨

橘：健康、蓬勃、土氣、危險

黃：幸福、愉快、怯懦、廉價

紫：有創造力、富想像力、與王室有關、浪漫

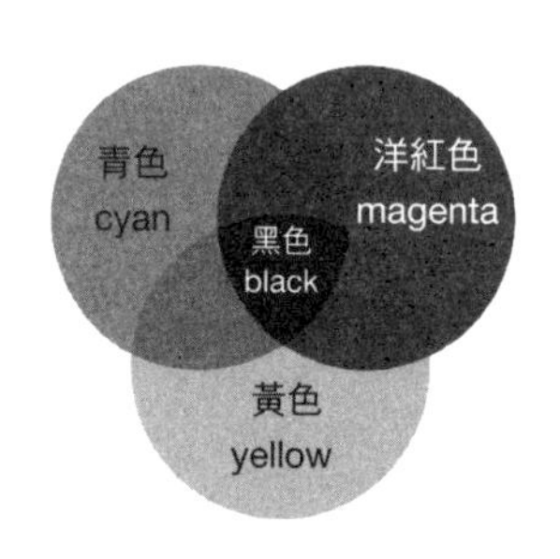

CMYK
印刷四原色

於平面媒體
選定印刷用色時使用

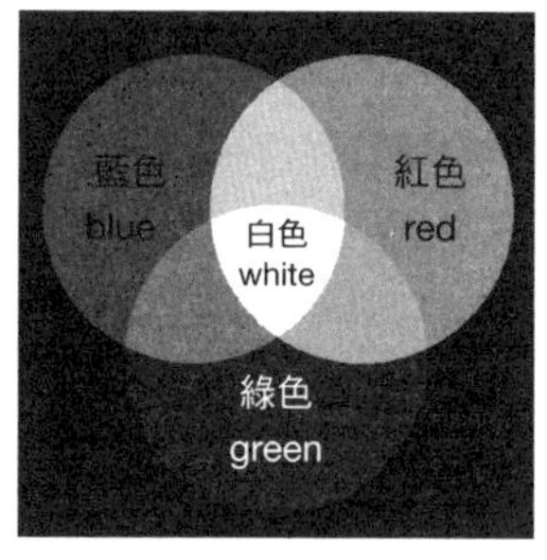

RGB
紅綠藍三原色

於線上發布
選定用色時使用

Include some black.

加點黑色。

因黑色有助於強化頁面結構、防止印刷效果不佳或褪色，故近乎所有色彩配置皆能得益於少許黑色。

春季色彩：黃綠、蔚藍與粉色，灑上幾許更強烈的色彩。暗含新意、青春徐緩、富女性特質。

夏季色彩：著於三主色（紅、黃、藍）、三次色（橘、綠、紫）與再間色。諭意簡明果行、率真進取。

秋季色彩：棕、橄欖綠、金色與赤褐色。宣敘成熟、睿智、樸實。

冬季色彩：銀、灰、黑。傳達機械、冷調、無機材質之感。

高對比色：黑與白，襯以各種強烈色彩。強調力量、行動與果斷。

霓虹配色：暖粉紅、活力橙、閃亮檸黃。展現樂趣、青春、性感。

互補色：色相環上相對稱的顏色為互補色。例：藍與橘、紅與綠抑或黃與紫。互補色能彰顯配色上的平衡。

單色配色：使用色相環上相鄰的色彩。如：紅、黃、橘；兩種藍色配上深青色。如是配色能傳遞沉著平靜之感。

92

背景柔焦
用洗碗精來製造泡沫
壓克力假冰塊
用水稀釋深色液體
使其更透光
使用自然光或架設擴散
光，不使用閃光燈
平均分布的芝麻
預先冷凍番茄生菜創造
爽脆口感，將菜葉朝外
擺放並用小牙籤固定。
使用大過麵包的漢堡，
放涼後用木炭點火器燒
出烤痕，並刷上蔬菜油
營造多汁效果

Fuzz it like a pro.

當個柔焦專家。

職業攝影師所拍的照片和業餘者最大的不同，在其景深（depth-of-field, DOF）管理。品質良好的相機允許使用者調整光圈大小，於清楚呈現照片主角的同時，讓前景與背景顯得模糊。若你手機上的相機不具光圈調整功能，你也可以輕鬆地在後製軟體中創造景深。

1 打開影像後製軟體，在軟體中將照片另存至新的圖層。
2 下方圖層的照片即是背景。「模糊」（blur）或「柔化」（soften）整張照片。
3 將上方圖層照片的主角去背，呈現下方圖層中經柔化處理的背景。為主角保留一定的外緣，別緊緊沿著邊線進行去背，這樣通常能得到令人滿意的成果。
4 仔細檢視合併後的照片。你或需進一步模糊背景或調整兩張照片的亮度／對比度，以充分強調照片主角。

93

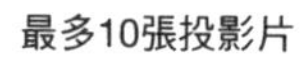

最多10張投影片

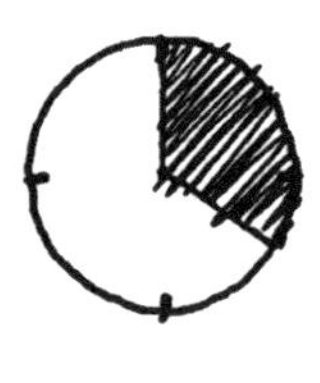

需短於20分鐘

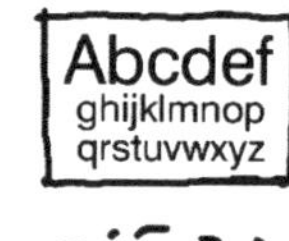

字型大小不得小於30

商業顧問蓋伊・川崎（Guy Kawasaki）的 10-20-30 原則

When preparing a presentation, prepare two presentations.

為一次簡報做兩份簡報。

在**簡報室內的簡報**（room presentation）應盡可能精簡，但也別短得讓你來不及樹立專業形象。若你要使用投影片或其他直觀媒材加以輔助，請言簡意賅。別拿著你提供的資料照本宣科，別逐一報告所有繁枝細節。所有容易誤解之處均留待公開討論的環節再解疑釋惑。

製作一份**會後資料**（leave-behind）。其內容應涵蓋與室內簡報相同的主要重點，並更進一步提供細節、圖表、個案研究、學術資料與各種附件以鞏固論點。將會後資料留至你的簡報結束後再行發放。若你期待聽眾跟隨你講解的步伐而提早發放資料，他們只會按照各自的進度行進，而非與你一致。另一可行的方法是，於室內簡報翌日將會後資料連同感謝函一併發送。

94

你抓的感覺不對。
在上面加幾朵花看看？
你幹嘛把花加在那裡？
這樣看起來很空耶。

Don't translate criticism literally.

別就字面內容回應批評。

批評你作品的人或許會就其短處給予建議。但批評者所提出的缺失比他們所給出的解方更值得遵循。因為不同的批評者給出的解方各有不同，而或許他們所有的建議都將引你誤入歧途。但若不只一個人指出同樣的問題，這個問題必當非同小可。

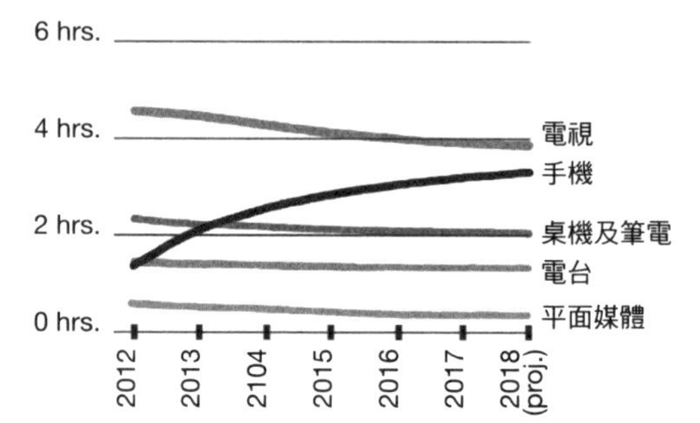

美國成人每日使用媒體的總時數

資料來源： eMarketer.com

You won't have a healthy relationship if you do all the talking.

維繫良好關係的祕訣在聆聽。

品牌與消費者間的溝通曾是「**一對多**」(One to Many)的。廣告商同時向許多在其他方面幾無關聯的消費者發聲。而消費者幾乎沒有能力影響品牌、產品以及它們所屬的公司如何廣告。

在數位環境下，品牌與消費者間的溝通卻能是「**多對一**」(Many to One)的。消費者能直接向品牌傳達欣賞、不悅、鼓勵與建議。隨著媒體越益擴張與越易取得，若消費者不喜歡他們接收到的訊息，或認為他們的聲音沒有為品牌所聆聽，他們將轉身離去。

他們說這不可能。
這真的不可能。

216 公分高的威爾特・張伯倫（Wilt Chamberlain）於 1966 年出演福斯汽車的廣告

Admitting flaws elevates credibility.

承認缺點反增可信度。

福斯汽車（Volkswagen）在大車當道的年代將金龜車引進美國。恆美廣告公司（Doyle Dane Bernbach, DDB）認為與其和大車硬碰硬，不如欣然歌頌福斯汽車的質樸簡單。棄用當時多數車廠所愛的強烈手繪風格，恆美選用了不花俏的黑白照片，與直接、傳統且諷刺性的文案。

恆美以「檸檬」為標題，向那些認為售價 2,000 美金以下的汽車即品質低劣的消費者發聲。廣告闡釋了照片中的金龜車雖看似與其他金龜車沒有不同，但一位產線品管人員找到了個小瑕疵，便將此輛汽車退回。「我們摘掉酸檸檬，你們享受甜李子」總結了這則廣告。而一則廂型車的廣告則得意洋洋地宣稱「真的有人偷了一台」。該則廣告的文案誇耀廂型車引擎的可靠與高效，稱其可以讓小偷逃到沒有警車可以企及的天涯海角。

當時許多刊載這些廣告的雜誌，其正文編輯內容在讀者調查的評分中，還遜於這些廣告文案。1999 年，《廣告時代》（*Advertising Age*）宣布，「小處著手（Think Small）」是有史以來最佳的系列廣告。

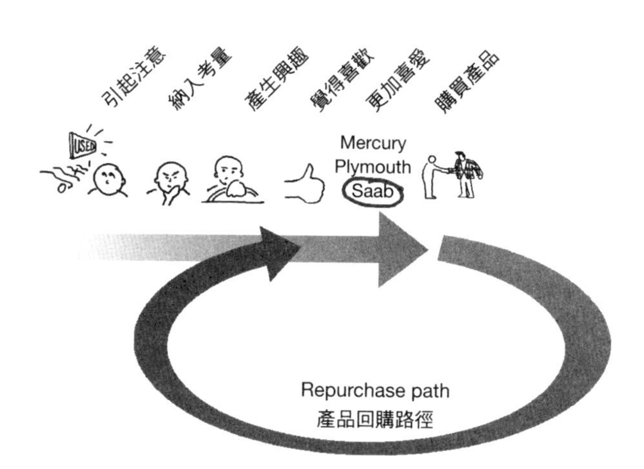
引起注意
納入考量
產生興趣
覺得喜歡
更加喜愛
購買產品
USED
Mercury
Plymouth
Saab
Repurchase path
產品回購路徑

Make the relationship outlast the purchase.

客戶關係比成交長久。

向既有客戶打廣告：消費者既想肯定自己的購物決定，也想得知品牌持續提供吸引人的產品或服務。

提供最新消息：公司可藉由提供最新訊息與研發中的產品內幕，培養積極進取的形象。如是形象可在顧客下次有需求時為公司提供價值。

圈粉：品牌能透過酬賓方案、轉介優惠、提供誘因讓顧客協助介紹品牌，來與消費者建立不絕的聯繫。

在成交後送上感謝卡：為每個顧客寫上姓名，並附上額外的產品資訊或為未來的購物或轉介提供誘因。

客服優先：問題總是難免。為可能發生的狀況預做準備，處理問題時莫忘惻隱，且務必周到詳盡。

別做煩人精：為產品調整接觸客戶的方法和頻率。讓顧客可以輕易地選擇他們喜歡的聯絡方式。

98

"People will forget what you said, people will forget what you did, but people will never forget how you made them feel."

——MAYA ANGELOU

「你說的將被遺忘；你做的將被遺忘；但沒有人會忘記你讓他們感受到的。」

——馬雅・安哲羅[1]

譯註1：馬雅・安哲羅（1928-2014），是美國作家和詩人，著有多部詩集，最出名的是六本系列自傳，敘述她的童年和成年早期經驗。

99

2017 年 Linkedin 數據中最常見的流行用語[1]

譯註1：這些流行用語包括——Creative：有創意的；Specialized：專精的；Focused：專注於；Leadership：領袖氣質；Strategic：戰略的；Passionate：熱情的；Excellent：卓越；Expert：專家；Experienced：經驗豐富的；Certified：具認證的

What you can do next matters more than what you've done.

你的能力比你的成就更重要。

面試官們並不想逐一檢視所有你參與過的計畫，他們想知道你適不適合他們的公司。在你的作品集裡，僅需包含你最好及符合面試官需求的作品。若你編輯作品集的方法錯誤，對面試官而言那便是字面上的意思——你不懂編輯，甚至或許不知道你最好的作品是什麼。

讓你的作品集成為話題的載體。講述那些能讓面試官感興趣的企劃的背後故事。敘述你被分配到的問題，你解決問題的過程、從中所獲的洞見、你提出的解決方案如何滿足客戶的需求，以及其中仍有什麼地方可以改進。

100

喬・漢姆（Jon Hamm）於《廣告狂人》（*Mad Men*）中飾演唐・德雷柏（Don Draper）

Seeing your work in an ad is like being a little famous.

看見自己的作品成為廣告，像是有點成名了。

作為學生，你的作品會被同儕、被教師、被偶爾造訪課堂的專業人士所批評。作為專業人士，所有人都會批評你的作品。你的失敗會公諸於世，而你卻沒有餘裕為了批評或羞愧而感到沮喪。 一旦你成功，你的成就也將人盡皆知。

參考資料

Lesson 39: Greg J. Lessne, "The Impact of Advertised Sale Duration on Consumer Preference," *Proceedings of the 1987 Academy of Marketing Science Annual Conference;* Greg J. Lessne and Elaine M. Notarantonio, "Effects of limits in retail advertisements: A reactance theory perspective," *Psychology and Marketing* 5, no. 1 (Spring 1988): 33–34; M. B. Mazis, R. B. Settle, and D. C. Leslie, "Elimination of phosphate detergents and psychological reactance," *Journal of Marketing Research* 10 (1973): 390–95.

Lesson 41: S. S. Yang, S. E. Kimes, and M. M. Sessarego, "$ or dollars: Effects of menu-price formats on restaurant checks," *Cornell Hospitality Report* 9, no. 8 (2009): 6–11.

Lesson 43: David B. Strohmetz, Bruce Rind, Reed Fisher, and Michael Lynn, "Sweetening the Till: The Use of Candy to Increase Restaurant Tipping," *Journal of Applied Social Psychology* 32 (2002): 300–309.

Lesson 55: Jack W. Brehm, *A Theory of Psychological Reactance* (New York: Academic Press, Inc., 1966).

Lesson 90: Ryan S. Elder and Aradhna Krishna, "The 'Visual Depiction Effect' in Advertising: Facilitating Embodied Mental Simulation Through Product Orientation," *Journal of Consumer Research* 38, no. 6 (April 2012).

英文索引

（數字為篇章數）

中文索引

（數字為篇章數）

廣告人的行銷法則【長銷經典版】

專業才懂的消費心理學，從社群小編到上班族，在社會走跳必學的 101 行銷力

作　　者　崔西・阿靈頓 Tracy Arrington
繪　　者　馬修・佛瑞德列克 Matthew Frederick
譯　　者　江元毓
封面設計　白日設計
內頁構成　詹淑娟
執行編輯　柯欣妤
企劃執編　葛雅茜
校　　對　劉鈞倫
行銷企劃　蔡佳妘
業務發行　王綬晨、邱紹溢、劉文雅
主編　柯欣妤
副總編輯　詹雅蘭
總編輯　葛雅茜
發行人　蘇拾平
出版　原點出版 Uni-Books
Facebook：Uni-books原點出版
Email：uni-books@andbooks.com.tw
地址：231030 新北市新店區北新路三段207-3號5樓
電話：（02）8913-1005 傳真：（02）8913-1056

發行　大雁出版基地
地址：231030 新北市新店區北新路三段207-3號5樓
24小時傳真服務（02）8913-1056
讀者服務信箱 Email: andbooks@andbooks.com.tw
劃撥帳號：19983379
戶名：大雁文化事業股份有限公司

初版一刷　2021年3月
二版一刷　2025年2月

定價　380元
ISBN 978-626-7669-02-0（平裝）
ISBN 978-626-7669-01-3（EPUB）

大雁出版基地官網www.andbooks.com.tw

國家圖書館出版品預行編目資料

廣告人的行銷法則【長銷經典版】/崔西・阿靈頓（Tracy Arrington）著；馬修・佛瑞德列克（Matthew Frederick）繪；江元毓譯. -- 二版. -- 新北市：原點出版：大雁文化發行, 2025.02

224面；14.8×20公分

譯自： 101 Things I Learned in Advertising School

ISBN 978-626-7669-02-0（平裝）

1.廣告學 2.行銷傳播

497　　　114000113

101 Things I learned in Advertising School by Tracy Arrington with Matthew Frederick

This translation published by arrangement with Three Rivers Press,

an imprint of Random House, a division of Penguin Random House LLC.

This edition is published by arrangement with Three Rivers Press through Andrew Nurnberg Associates International Limited.